山东省自然基金 ZR2019MEE021

桩与地下连续墙组合基础水平承载能力的理论和试验研究

魏焕卫 杨庆义 王基文 张 伟 张兴丽 顾 昆 著

机 械 工 业 出 版 社

本书提出了桩-地下连续墙组合基础（简称“桩墙组合基础”），通过理论计算方法、模型试验以及数值模拟研究了桩墙组合基础的受力、变形特点及承载性能。全书共分为5章，首先介绍了现有桩墙基础的国内外研究和发展现状、理论计算方法；随后重点论述了桩墙组合基础室内模型试验的设计，分别承受水平荷载和堆载作用下桩墙组合基础的受力变形特点，与周围土体的作用以及承载力特征；开展现场试验，分别对桩墙组合基础、群桩基础进行了研究对比；利用 PLAXIS 3D 对桩墙组合基础进行模拟，将其与模型试验结果进行定性比较，通过改变工况参数，进一步研究了不同影响因素对桩墙组合基础的影响；最后给出了本书工作的研究结论，并对后续工作开展提出了建议。

本书结合了理论计算、试验与数值模拟，可供桩墙组合基础领域的科研人员、技术人员以及高等院校相关专业师生参考。

图书在版编目（CIP）数据

桩与地下连续墙组合基础水平承载能力的理论和试验研究/魏焕卫等著. —北京：机械工业出版社，2022.7

ISBN 978-7-111-72022-5

Ⅰ.①桩… Ⅱ.①魏… Ⅲ.①桩基础-地下连续墙-地基承载力-研究 Ⅳ.①TU47

中国版本图书馆 CIP 数据核字（2022）第 212058 号

机械工业出版社（北京市百万庄大街22号 邮政编码100037）
策划编辑：李 帅　　责任编辑：李 帅 高凤春
责任校对：陈 越 李 杉　封面设计：张 静
责任印制：刘 媛
北京盛通商印快线网络科技有限公司印刷
2023年2月第1版第1次印刷
169mm×239mm · 8.75印张 · 150千字
标准书号：ISBN 978-7-111-72022-5
定价：49.00元

电话服务
客服电话：010-88361066
010-88379833
010-68326294

网络服务
机 工 官 网：www.cmpbook.com
机 工 官 博：weibo.com/cmp1952
金 书 网：www.golden-book.com
机工教育服务网：www.cmpedu.com

前言

自1996年7月参加工作以来，二十多年来笔者一直从事岩土工程的理论和实践相结合的工作，与工程界的朋友建立了广泛的联系，并进行了大量的产学研合作。在与山东电力工程咨询院有限公司的交流合作中，笔者发现在大型煤场等建筑物基础设计中，需要设置比较多的群桩来提供水平承载力。笔者1998年在同济大学攻读硕士学位（后继续攻读博士学位）期间，曾针对宝钢厂房由于堆载引起基础桩侧移而产生的倒塌问题，对大面积堆载下桩的水平承载力进行过研究。通过研究发现，群桩存在上部变形和内力较大，并随着深度逐渐减小的问题，具有明显的深度效应。由于群桩是按照变形控制确定其水平承载能力的，相对竖向承载力，桩的水平承载力要低很多，在界限深度以上部分桩产生的水平位移和受到的弯矩较大，界限深度以下桩主要起嵌固作用。由此得到启发：能否通过增加桩基础上部刚度，减小下部刚度，按照变刚度的思想优化群桩的设计，从而达到降低工程造价的目的。该想法得到任宪骏研究员、张兰春研究员、亓乐博士、高鹏主任、陈卫兵博士等朋友们的支持，并于2014年6月开展了桩墙组合基础（简称“桩墙组合基础”）的水平承载力和变形机理的理论、室内模型试验和现场试验、数值计算等研究，同时该研究还得到山东省自然基金委的支持（批准号ZR2019MEE021），课题经过多年的研究，得到一些初步的研究成果，特编写本书。

在多年的研究期间，笔者所在课题组成员冒着酷暑在实验室连续接力进行了室内模型试验，冒着零下十几摄氏度的低温在黄河边上进行现场试验，感谢他们的辛苦付出。同时衷心感谢山东建筑大学的孔军教授、钟世英副教授、王培森博士，山东大学的张乾青教授，山东高速路桥集团有限公司的李莹炜项目总工。中儒科信达建设集团有限公司的侯文武总经理也在课题研究的过程中提供了鼎力支持。

本书是对前期研究成果的阶段性汇总，后续仍在继续研究，对于相关的理论分析、数值计算、试验研究，难免有疏漏，诚挚欢迎各位同行朋友指正。

魏焕卫

目录

第1章 绪论

1.1 引言

随着社会的发展，越来越多的工业建筑、电厂建筑、海洋建筑等陆续兴建，同时，也遇到了越来越多的问题。如存放资料的仓库，包括一般及部分特殊工业锅炉房、火力发电厂的堆煤棚、一些冶金工业厂房和机械厂房的铸造车间等，因堆载产生的附加水平荷载可能引起建（构）筑物基础发生侧向变形；在海洋建筑中，如海上石油钻井平台、海上输电塔、海上风力发电机等，基础结构往往会受到波浪力、水平地震力、船舶撞击力等水平荷载作用。如果在基础设计和施工中，对工业厂房基础的大面积竖向荷载问题及外荷载引起的水平荷载等不够注意，甚至将其忽略，将会造成严重的工程事故和损失。

如2009年上海莲花河畔景苑一栋13层在建楼房整体倒塌，经调查，倒塌的原因是施工单位在倒塌的楼房前进行基坑的开挖，与此同时大量的堆填土在该楼房另一侧堆积，且在较短时间内堆积过高，最高处达到了近10m，由此产生的侧向力达到了近30000kN；而在该楼房前地下车库的基坑开挖深度已经达到4.8m，建筑物两侧巨大的压力差使楼房下的土体产生了水平位移，进而导致楼房产生10cm左右的位移，对楼房下的PHC桩（预应力高强混凝土桩）产生了较大的偏心弯矩，导致桩基破坏，最终引起了楼房整体倒塌，如图1-1所示。又如投入使用期间的天津中板厂原料车间栈桥，选用桩长为20m的灌注桩，地面堆载为200kPa。由于进行基础设计时未能全面考虑大面积堆载对桩基础的影响，从而使桩身的配筋长度和数量不足，造成了建筑使用期间桩基水平位移过大，桩身发生折断，严重影响了厂房的正常使用并危及厂房的安全。目前对于抵抗水平荷载的基础方案有扩大桩径和数量或者采用地下连续墙基础。但是，这样往往会造成材料极大的浪费。

图 1-1 堆载下的“楼倒塌”

a）在建楼房整体倒塌 b）原因分析示意图

伴随地下连续墙技术的不断发展，日本把桩基和地下连续墙结合起来设计了一系列复合型基础。在过去几次大地震（如新潟地震、阪神地震）中，日本大量的城市房屋濒临破坏，一些高层建筑物尝试采用了在已有桩基外围修筑闭合型地下连续墙加固的方法，从而形成地下连续墙-桩复合基础。如 1995 年，在日本东京海湾千叶县，一栋高为 27 层，建筑面积为 906.54m^2 的大楼采用了地下连续墙-桩复合基础。

根据上述日本的经验和以往的研究，一般的水平受力构件总体表现为中上部弯矩和变形大、下部弯矩和变形小的特点，因此本书将桩基和地下连续墙组合在一起作为承受水平荷载的基础，形成了桩墙组合基础。目前对于桩墙组合基础的研究非常少，大部分成果都是针对桩基、地下连续墙等单一基础形式。

桩墙组合基础（图 1-2）是一种新型的组合基础形式，上部的地下连续墙具有较高的水平刚度，下部桩体保证了基础的嵌固，因此新型组合基础具有较高的水平承载力。相对于常见的水平受力构件，如地下连续墙和群桩，当地面堆载较大或水平荷载过大时，新型基础不需要大尺寸的地下连续墙，同时可以减少桩数，从而减少工程造价，具有较高的经济意义。

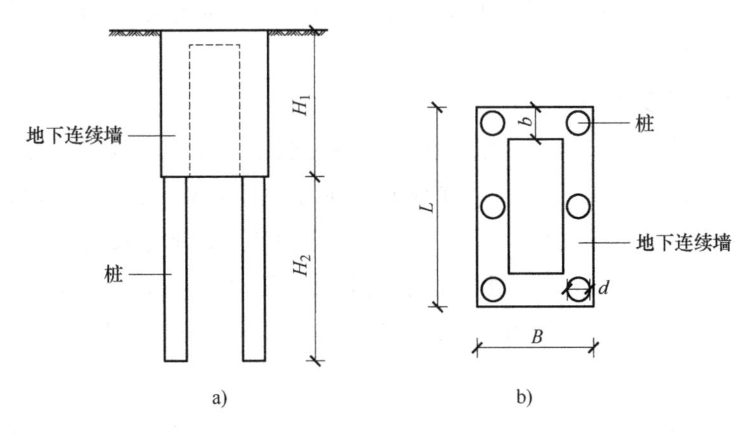

图 1-2 桩墙组合基础示意图

a）桩墙组合基础立面图 b）桩墙组合基础平面图

1.2 群桩的研究现状及成果

1. 弹性理论法

弹性理论法首先设定桩为弹性杆件，同时假定桩周围土体各向同性的为半弹性无限体，并假定土体的弹性模量 E_s 与泊松比 μ_s 为常数或者随着土体深度按某规律变化，然后利用 Mindlin 解析公式对桩和土体之间的相互作用进行计算分析。计算时将桩划分为若干个微段，根据半无限体承受水平荷载并传递位移的 Mindlin 方程估算微段中心处桩周土体位移，并根据桩的挠曲微分方程求桩的位移，将桩的基本微分方程用有限差分法表示，根据桩体位移与土体位移协调条件建立平衡方程，从而求解桩体位移及应力。

Poulos 等人根据前人的研究，将 Mindlin 解推广到群桩情况，并逐渐将其完善。我国学者杨敏等利用弹性理论法，分析桩土之间的相互作用。赵明华和宋东辉等利用弹性分析法对群桩承载性能做出分析。

由于弹性理论法假定土体是均匀连续、各向同性的半弹性无限体，而土体的弹性模量与其应力状态紧密相关，因此土体的弹性模量 E_s 很难用简单的方法确定，且当土体变形超过弹性范围时误差将会很大。而且弹性理论法假定桩土界面不发生滑移和屈服，界面同一位置处桩、土位移应该一致。随着荷载的增加，土体必然会产生塑性变形，继而发生桩与土脱离的现象，与假定相悖。此外，弹性理论法无法计算地面以下桩身位移、转角、弯矩和土压力。由于该方法的缺陷，目前实际应用其实很少，但是作为一种早期解法，为人们提供了计算群桩的理论依据。

2. 极限地基反力法

极限地基反力法又称为极限平衡法，事先假定土体处于极限状态时地基反力的分布形状，然后按照作用在桩身上的外力及其平衡条件求桩的水平抗力。该方法假定桩体是纯刚性体，继而忽略桩身挠曲变形，地基反力 p 仅为桩入土深度 y 的函数［式（1-1)］。根据土的不同，选择一种已经设定好的地基反力形式，利用该反力函数建立平衡方程，求解桩身水平承载力与弯矩。

$$p=p(y) \tag{1-1}$$

根据极限状态的土体反力分布形式，极限地基反力法分为：土抗力按照二次抛物线分布的二次抛物线法和近似直线分布的直线分布法。Rase、Broms 等人假设地基土反力为直线分布，将理论分析与试验数据对比，求解桩的水平承载力。Broms 法中，黏性土与砂性土土体在极限状态下的反力分布，如图 1-3 和图 1-4 所示。随后，恩格尔和物部则推出采用土体反力分布的抛物线形式（恩格尔-物部法)，分析群桩承载性能。

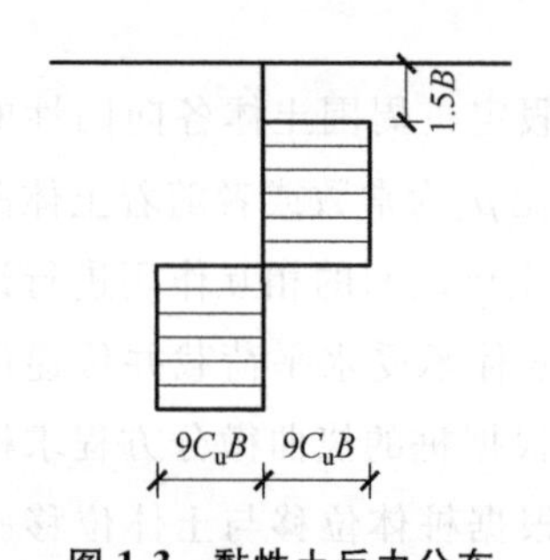

图 1-3　黏性土反力分布

C_u—土的不排水抗剪强度　B—桩的宽度（m）

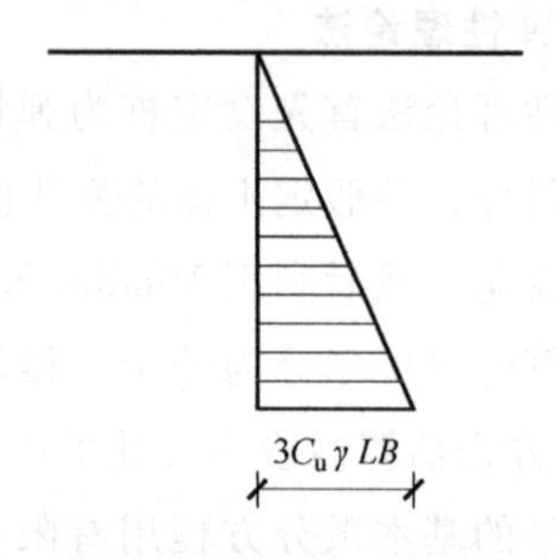

图 1-4　砂性土反力分布

γ—土的重度（kN/m）　L—桩长（m）

当桩长度较长时，桩底由于土体约束，位移及内力都很小甚至为零，而桩顶位移则较大。因此，利用该方法在求解长桩问题时误差较大。在实际应用中，该方法只适用于刚性短桩，此时利用该方法计算也比较简便。

3. 弹性地基反力法

弹性地基反力法将土体视为弹性体，基于 Winkler 地基梁模型，用梁的弯曲理论［式（1-2)］求解桩侧土体的水平抗力。该方法假定桩侧土体抗力 p 与桩身埋深 z 的 n 次方和桩身挠度 x 的 i 次方成正比，不考虑桩土之间相互作用及相邻桩基的影响，采用幂级数的方式［式（1-3)］来表述地基反力。

$$EI\frac{d^4x}{dz^4}+Bp(x,z)=0 \tag{1-2}$$

$$p(x,z)=kx^iz^n \tag{1-3}$$

在桩顶位移较小时，取 i 为 1，此时桩的水平抗力 $p(x,z)$ 与桩身水平位移 x 呈线性关系［式（1-4）］，此时该公式为线弹性地基反力法。根据 n 取值不同，可分为多种方法，其中较为常用的分别是：常数法、“c”法、“m”法以及“k”法，如图 1-5 所示。

$$p(x,z)=kxz^n \tag{1-4}$$

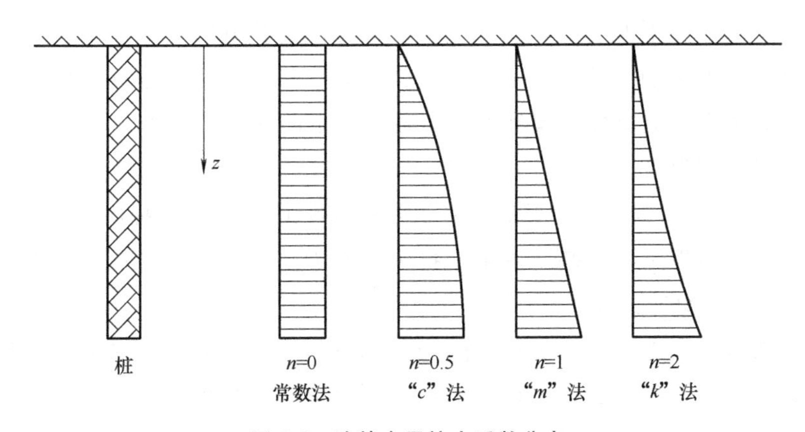

图 1-5　地基水平抗力系数分布

（1）常数法　该法为张有龄于 20 世纪 30 年代提出，又称为张氏法。该方法假定 n 为 0，即认为地基土体水平抗力系数沿深度均匀分布。土体抗力 $p(x,z)$ 与桩身挠度 x 成正比，而与深度无关。这种方法虽可快速得出桩的位移与内力，但由于假设不合理，得出地面处土体抗力最大，与实际不符。该方法仅适用于超固结黏性土和表面紧密的砂性土。由于限制条件过多，随着对群桩研究的深入，此种方法逐渐被淘汰。

（2）“c”法　该法假定 n 为 0.5，即水平抗力系数随深度呈抛物线增加。该方法假定地基土体水平抗力系数 k 分两部分，每部分 k 取值与埋深相关。

“c”法适用于一般黏性土和砂性土，由于局限性过多，该方法在我国多用于公路部门。

（3）“m”法　“m”法假定 n 为 1，即地基土体水平抗力系数随深度线性增加，该方法较之其他几种方法较为合理地考虑了 k 值随着深度的变化，从而避免了 k 值过大或者过小导致的与实际工程脱离的情况。该方法由苏联学者在 1939 年提出，并广泛应用于桩基水平承载力理论分析及实际工程当中。

“m”法的缺陷，即弹性地基反力法的缺陷都是只能考虑桩周土体在弹性范围内的变化。一旦荷载增大或者桩身挠度增加，桩周土体进入塑性阶段甚至破坏阶段，由该方法计算所得的位移和弯矩与实际出入较大，该方法也就失去其研究意义。因此在桩顶位移较小的工程中采用该方法可较好地分析群桩的承载性能。

此外，该方法中土体水平抗力系数比例系数 m 值与基坑开挖深度、桩身刚度、土体水文地质条件等众多因素有关，无法通过理论分析等方法获得其值。m 值不能仅根据规范中建议来确定，而应该通过现场试桩的方法测得。但由于桩周土体在荷载作用下发生塑性变化，m 值又是随着荷载的增加而变化的，这也导致 m 值的不确定性。杨敏等学者建立了位移反分析模型确定 m 值的方法，根据实测位移数据建立反分析模型推出实际工况下的 m 值，并利用该方法可预测接下来的基坑变形。

（4）“k”法　“k”法由苏联学者盖尔斯基在1937年率先提出。该方法假定在第一弹性零点以上，地基土体水平抗力系数 k 呈抛物线分布；而在第一弹性零点以下，k 值均匀分布。

该种假设方法大大低估了地表附近土体抗力，即地表处地基土体水平抗力系数 k 值过小，导致计算所得桩顶部位弯矩过大，而且桩基埋深越深、土质越好这种差距反而增加；另外，随着桩基埋深增加，利用该法计算得到的桩身挠度反而越来越大。我国学者刘金砺也在其研究中通过位移互等定理，对比几种典型弹性地基反力法的无量纲系数，并指出“k”法不符合位移互等定理。以上几种情况与实际工程差别较大。该方法曾是我国分析群桩承载性能的主流方法，但是随着研究的不断发展，逐渐不再使用。

4. 弹塑性地基反力法

弹塑性地基反力法又称为复合地基反力法，是一种弹塑性分析方法。弹塑性地基反力法认为：当桩基承受横向荷载作用时，上部土体在荷载作用下先发生屈服，随着荷载的持续，塑性区逐渐向下部发展。在桩周土体塑性区内，采用极限地基反力法，考虑土体的非线性变化；在弹性区内，采用弹性地基反力法。利用塑性区与弹性区边界连续条件求解桩身内力及位移。

弹塑性地基反力法根据地基土反力假设情况大致分为两种：第一种是假设塑性区地基土反力为被动土压力，弹性区土体反力随深度线性增加；另一种是假设塑性区土体反力呈二次抛物线分布，弹性区地基土反力均匀分布。

其中 p-y 曲线法在研究领域应用最广泛。p-y 曲线法反映的是某一深度 z 处，桩身挠度与地基土反力之间的关系。p-y 曲线法能够在桩的计算中考虑周围土体的非线性变化、桩土破坏机制及桩身刚度等性质，是一种较为理想的弹塑性分析方法。自 Matlock 于 1975 年提出 Matlock 法之后，国外研究者陆续提出了适合硬黏土的 Reese 法、适合各种黏土的 Sulivn 法等，我国两所院校的学者针对 p-y 曲线法分别提出了河海大学新统一法和同济大学法。

但是在计算群桩水平承载能力方面，p-y 曲线法无法考虑桩承台共同作用，而且需要做出过多与实际相悖的假设才能够得到其解析解。

5. 综合效应系数法

在计算群桩基础承载力时，由于群桩效应、承台约束作用以及承台埋深等多种因素的影响，群桩极限承载力并非是单桩极限承载力的简单叠加。综合效应系数法就是考虑到多种可能因素，认为群桩极限承载力等于单桩极限承载力 nH_v 与效应系数 η_H 乘积。

玉置脩、三桥晃司等于 1971 年提出了群桩效应系数计算公式，即

$$\eta_H = 1-5\left[1-(0.6-0.25k)\left(\frac{S_a}{d}\right)^{(0.3+0.2k)}\right]\left[1-m^{-0.22}n^{-0.09}\right] \tag{1-5}$$

式中 m、n——沿荷载与垂直荷载方向每排桩数；

S_a——桩距；

d——桩径；

k——桩顶嵌固度，桩与承台完全固接时为 1，铰接时为 0。

该方法考虑了桩数、桩距、桩的排列等对承载力的影响，并加入了承台约束作用的影响。

Znamensky 等提出水平荷载作用下群桩效应系数计算公式，即

$$\eta_H = \eta_i \eta_r \tag{1-6}$$

但是该方法忽略了不同方向桩影响的不同以及承台底面及侧面的土体抗力的作用。

韩理安考虑到水平荷载作用下群桩基础的桩径、桩距、土质等常规因素对效应系数影响外，还考虑了应力重叠效应、水平荷载分布不均匀性以及承台底面摩阻力的影响，提出了群桩效应系数计算公式。

刘金砺分别针对群桩相互作用、桩顶嵌固作用、承台侧向抗力作用、承台底摩阻力作用提出相对应的影响系数，并将四者之和作为群桩效应系数。

6. 数值分析法

桩基工程不同于其他结构工程，由于工程岩土体的非线性、桩土相互作用

以及边界条件的复杂性，故影响其水平承载性能的因素众多。而针对桩基水平承载特性的理论分析方法在假设时，只能忽略某些次要影响因素。这也导致理论分析结果可能与实际情况相差较大。计算机技术的发展使人们利用数值分析的办法解决复杂的弹塑性问题成为可能。数值分析方法主要包括有限单元法、有限差分法、边界单元法。

有限单元法是先将桩基离散化，离散成若干个微单元，然后根据位移协调和力的平衡条件求解单元应力及位移。有限单元法可以考虑桩土相互作用、地下水条件以及复杂的边界条件等问题，随着单元离散程度越高，计算时间越长，求解精度也越高。有限单元法也成为现今解决桩基问题最广泛、最常用的分析方法。

有限差分法是将桩基离散化，用含有应力、速度等变量的偏微分方程表述连续介质的力学行为，利用运动平衡方程求解问题。典型的有限差分软件是FLAC 3D。由于该软件采用的混合离散分区技术和显式拉格朗日算法，在模型运行过程中不需要存储大量刚度矩阵，仅需较小的内存即可模拟岩土体中三维力学行为。

边界单元法不同于以上两种，仅是对区域的边界进行离散。因此在处理问题时，由于单元数量少，计算收敛较快，可用来解决大梯度的场问题。

数值分析方法由于计算精度高，可准确地描述土体的复杂行为，已成为解决水平荷载作用下桩基问题的重要手段。

1.3 桩、墙基础的研究现状

1.3.1 堆载下桩基础的研究及发展现状

关于大面积堆载下桩基受力及变形性状，国内外学者已经做了大量研究。Poulos 提出了理论上的桩基承载力及变形的计算方法，并分析了在土体竖向、横向移动时桩基的受力及变形规律。杨敏、朱碧堂等考虑堆载下土体与桩基的相互作用，提出了改进的弹性地基梁模型。魏焕卫提出了堆载下邻近桩基侧向变形的共同作用的分析方法，推导了邻桩受力及变形的微分方程，并编制了计算程序，分析了影响桩基受力及变形的因素。

1. 试验方面

Bransby 为了研究地面堆载对桩基承载性状的影响，进行了离心模型试验。

结果表明：桩基承台底部土体的水平位移对桩身产生被动水平荷载，并对承台下土体产生了新的附加应力。

Ergun 进行了模型试验，分析了堆载对桩基群桩效应的影响。结果表明：在分析堆载下的桩基承载特性时，群桩基础的桩间距为 2~4 倍桩径时，必须考虑群桩效应影响，而桩间距为 5~6 倍桩径时，可不必考虑群桩效应。

丁任盛通过 1∶1 的堆载对邻近桩基内力与变形影响的原位现场试验，探讨了堆载高度、堆载距桩基的距离等对桩身内力及变形的影响。试验表明：邻近堆载下，桩基向堆载对侧偏移，最大位移在桩顶处，堆载的影响具有明显的时间效应。

吴琼论述了大面积堆载作用对桩基础的沉降、负摩阻力以及侧移变形等产生的各种影响，通过自主设计的加载装置对不同形式的荷载下的模型桩进行了室内模型试验，并对试验结果进行了有限元数值模拟。通过试验数据与数值模拟的对比分析，为实际工程中桩的受力及变形规律提供了参考依据。

2. 数值计算分析

Chow 等通过数值计算提出地面堆载时桩基负摩阻力的分析方法，认为为了使试桩侧负摩阻力分析结果更合理，宜考虑桩土交界面的非线性关系。

陈福全、杨敏采用了 PLAXIS 有限元分析软件，分析了地面堆载下邻近桩基的性状，研究了单排桩、双排桩在各种工况下的性状。

郑伟、朱思静等采用有限元分析法，进行三维有限元数值模拟，研究了堆载下群桩的负摩阻力问题。结果表明：随地面堆载增加，桩身轴力及下拽力增大且增大幅度减小。

代恒军、梁志荣等通过具体的工程，采用三维有限元分析法，对邻近桩基在地面堆载下的变形性状进行了模拟分析。结果表明：对被动桩基变形有较为显著影响的是浅层土体的弹性模量。

张省侠等通过对三维数值计算分析研究了堆载状态下桥梁桩基的变形及承载特性。试验表明：路基堆填土高度、桩体直径、路基填土宽度、桩长变化及桩周土的弹性模量等都会影响桩基的沉降变化规律及承载性能。

Bransby 等研究了桥梁桩基在堆填土状态下的变形特性，利用数值计算的方法，分析了桩基与土体的受力变形机理。试验发现，非线性本构关系应用于黏土地基中时，实测数据与模拟得出的数据之间吻合地较好。

3. 理论计算

Poulos 提出了一种理论方法来预测桩的变形和承载力，为各种工程情况提供参数化的解决方法。主要研究成果有：①桩基础承受侧向荷载以及垂直和水平联合荷载作用下，桩基础的受力以及变形情况分析；②承受竖向或横向土体位移时的桩身负摩阻力的变化规律；③总结了一般荷载作用下桩基础的承载特性及其沉降规律；④研究了动荷载作用下细长桩的受力及变形情况。

袁名礼论述了大面积堆载对桩基础的影响，提出了桩基础承受非对称堆载时桩周土压力、桩身内力与位移、桩侧负摩阻力的计算方法，并对此类工程的设计与施工提出了合理的建议措施。

Davis 等研究了桩的类别以及桩周土的参数对端承桩的负摩阻力的影响，综合对比多种桩型和桩周土的类型提出了适用于端承桩的负摩阻力的计算方法，并且通过相关工程实例和有限元分析结果，对该方法的有效性进行了验证。

Lee 等在太沙基一维固结理论的基础上，提出了相关的理论模型来分析群桩基础的负摩阻力。该模型充分考虑了桩土接触面上的非线性的应力-应变关系。通过与其他模型的对比分析发现，Lee 等提出的模型具有明显的优越性，模型的预测数据与实际工程中的数据吻合度较好。

黄伟达依据弹性地基理论，提出了一种改进的弹性理论方法来计算桩的内力与变形。该方法打破了传统的理论方法中仅考虑某单一作用因素的限制，充分考虑了桩体、桩周土以及桩下土彼此之间的相互作用，并且针对不同的土质参数进行了分析。在前人的基础上提出了桩基的承载力计算公式，经验证该方法能够更加精确地预测桩体在使用过程中的内力和变形，是一种安全可靠的理论方法。

门小雄利用非线性有限元分析法，分析了堆载作用下桩基的受力及桩周土体的变形规律，提出了堆载作用下桩基承载力的计算方法。通过对理论计算结果和数值模拟结果进行对比，验证了所提出的桩基承载力计算方法的正确性。

1.3.2 地下连续墙基础的研究及发展现状

初期地下连续墙的发展是用作施工中承受水平荷载的支护结构、挡土墙或防渗墙。由于它刚度大，整体性好并且随着施工设备与工艺的不断提高，被越来越多地用来当作建筑的基础使用。目前地下连续墙较多地用作主体或主体的一部分，直接承受结构上部荷载，形成承重、支护挡土、防水的两墙合一的结构。用作建筑物基础的地下连续墙常见的形式有闭合型的矩形地下连续墙及单片式的条壁形地下连续墙。

最早的闭合墙基础计算方法是刚体基础法，提出的是海野隆哉等人。该法把基础看作为刚体，采用八种弹簧来模拟周围的地基。在该法的基础上，国内的孙学先率先开展了闭合墙基础的计算研究，提出了地基在弹塑性状态下的基础内力与变位递推计算方法，对非线性地基反力下的计算方法进行了探讨。李涛按弹性土体与刚性基础共同作用理论，推导了闭合墙基础在水平、竖向荷载下的力学计算式；刘云忠对水平荷载下井筒式地下连续墙的承载机理进行了分析研究；刘立基对水平荷载作用下井筒式地下连续墙基础内的土芯作用原理进行了研究。

试验方面，陈晓东、龚维明等在国内率先进行了闭合型的矩形地下连续墙基础现场静载试验，采用自平衡法得出了地下连续墙基础外侧摩阻力、端阻力、竖向承载力的发挥特性。文华、程谦恭等进行了闭合墙基础的模型试验，对闭合墙基础的墙、土、承台相互作用进行了分析研究。戴国亮、龚维明、周香琴等为研究闭合墙基础的水平承载特性，进行了闭合墙基础与井筒式地下连续墙基础的水平静载试验。结果表明：闭合墙基础破坏呈整体倾斜破坏，弯矩随墙身非线性变化。

还有部分学者进行了井筒式地下连续墙实体工程的长期监测。结果表明：墙端阻力和墙侧摩阻力决定井筒式地下连续墙基础的竖向承载力，其中又以墙侧摩阻力为主，承载性状类似于摩擦桩。

数值分析方面，宋章、程谦恭等在有限元分析的基础上，对黄土层中闭合墙基础的沉降特性，采用弹塑性模型进行了分析研究。孟凡超、陈晓东等使用三维有限元数值模拟了闭合墙基础的沉降。结果表明：墙芯土的竖向变形主要在墙顶附近。陈晓东、柴建峰通过数值模拟发现闭合墙体埋深越大，水平位移越小，但超过一定深度后，墙体埋深的增加对提高基础水平承载力没有作用。

综上国内外众多学者对桩基础、单片地下连续墙基础和闭合型地下连续墙基础进行了大量的富有成效的研究工作，积累总结了大量资料，取得了丰富的研究成果，为桩墙组合基础的进一步研究奠定了良好的基础。但是，在这些研究当中，仍然存在着不足，主要有以下几个方面：

1）众多国内外学者通过理论分析、数值模拟、试验等手段对堆载下的桩、地下连续墙基础进行了研究和分析，得到了很多研究成果，为桩墙组合基础的研究提供了有益的参考，然而，桩墙组合基础与传统的基础无论在结构组成形式还是受力变形机理上都存在着差别，单纯堆载下桩、地下连续墙基础的研究成果，对于桩墙组合基础的研究借鉴和支持有限。

2）国内外对于桩墙组合基础的计算理论研究存在不足。由于组合基础的受力及变形较为复杂，荷载传递机理不明确。国内学者对地下连续墙基础墙身内外侧摩阻力的产生、沿基础分布及理论计算方法，墙、桩、土三者之间的相互作用，桩、墙荷载分担情况及影响组合基础承载力的因素等关键问题缺乏深入探讨。

第2章 理论计算

本章参照已有的理论，基于桩、墙、土侧向变形共同作用的原理，提出了组合基础稳定性分析方法。运用“m”法，结合编制的计算程序，分别研究了水平荷载作用下和堆载作用下桩墙组合基础的受力和变形规律。进一步探究了荷载大小、墙身宽度、桩径尺寸、土体性质以及材料弹性模量等因素对桩墙组合基础变形和内力的影响。

2.1 桩、墙基础理论计算方法

2.1.1 侧向受荷桩理论计算方法

侧向受荷桩是指桩身承受直接的外界荷载的群桩。侧向受荷桩虽然与堆载下的被动桩有所不同，但是两者在受力机理的研究上有一定的相似之处，具有一定的参考性。对于侧向受荷桩的研究已经有很多理论方法，包括 Winkler 地基梁法、p-y 曲线法、弹性理论法、传递矩阵法、双参数法等。这里着重介绍以下几种方法：

（1）Winkler 地基梁法　该法又称为基床反力法，由 Hetenyi 引入弹性地基梁相关概念，不考虑地基土连续性，将土体视为相互不相关的线性弹簧，某一深度处桩周土压力与该深度处的挠度相关，忽略轴向力影响，梁的 4 阶微分方程为

$$E_p I_p \frac{d^4 y}{d^4 x} = p = ky \tag{2-1}$$

式中　p——桩周土压力（N/m）；

E_p——桩材料的弹性模量（MPa）；

I_p——桩截面惯性矩（m^4）；

k——地基反力模量（N/m^2）；Terzaghi 提出了 k 的另外一种表达式 $k=k_h d$，其中，k_h为水平抗力系数（N/m^3）；d 为桩的直径或宽度（m）。

y——桩身某一位置的侧向位移（m）。

k_h的计算方法分为：常数法，"k"法，"m"法，"c"法。常数法假定地基抗力系数沿深度均匀分布；"k"法假定桩身第一挠曲点以下为常数，以上为抛物线变化；"m"法假定地基抗力系数沿深度方向线性增加，$k_h=mz$，m 为地基土水平抗力系数的比例常数（N/m^4），z 为某一位置的深度（m）；"c"法假定k_h按 $cz^{0.5}$分布，即 $k_h=cz^{0.5}$，c 为比例常数。实测资料显示，一般桩位移较大时"m"法、桩位移较小时"c"法结果比较接近实际。

（2）p-y 曲线法　p-y 曲线法改进了 Winkler 地基梁法，将土体视为离散的非线性的弹簧，将桩土间的相互作用反映在 p-y 曲线中，该曲线可以采用实测曲线，也可以为标准的曲线。该法利用桩顶、桩端的边界条件，通过有限差分法求地基梁微分方程，从而得到弯矩、变形。

（3）弹性理论法　这种方法是假定土的弹性参数为泊松比 μ_s、弹性模量 E_s 为常数或随深度变化，根据半无限体的 Mindlin 方程对桩微段中心处的土位移进行估算，土体的侧向位移等于根据桩的挠曲方程求出的桩的侧向位移。Poulos 提出土体的位移表示为

$$\{y_s\}=\frac{d}{E_s}[I_s]\{p\} \tag{2-2}$$

式中　$\{y_s\}$——土体侧向位移列向量；

$[I_s]$——土体位移影响系数矩阵；

$\{p\}$——侧向荷载列向量。

（4）传递矩阵法　传递矩阵法把桩分割成 n 个单元，分割时以土层的情况、荷载及刚度的大小作为依据，假定地基系数 k 为常数，桩侧的荷载假设为线性分布，同时各个单元的刚度 $E_{pi}I_{pi}$ 假设为定值，桩单元基本方程为

$$E_{pi}I_{pi}\frac{d^4y}{dz^4}+k_i b_p y=q_{i-1}+\Delta q_i z \tag{2-3}$$

式中　q_{i-1}——在 $i-1$ 截面桩侧分布荷载；

E_{pi}——桩材料的弹性模量；

I_{pi}——桩截面惯性矩；

y——桩的侧向变形；

z——深度；

b_p——桩的抗力计算宽度；

Δq_i——i 单元分布荷载的增量，即 $\Delta q_i = \dfrac{q_i - q_{i-1}}{\Delta l_i}$，$\Delta l_i$ 为 i 单元的单元长度。

2.1.2 堆载下桩、墙基础理论计算方法

堆载下桩基属于被动桩，侧向受荷桩是桩顶部受水平力，不同于侧向受荷桩的是被动桩受力是桩身受到堆载下土体的侧向力。对于被动桩的计算，合理计算桩周的土压力为关键问题。目前堆载下桩基与土体相互作用分析的计算方法有：

（1）经验方法　根据室内模型试验与现场试验，得到数据进行分析后提出计算桩侧土压力、位移及弯矩的经验公式。该种方法非基于土力学原理，属于经验的统计，虽然可以简便地求出桩体最大弯矩及位移，但是统计来源有限，误差较大。

（2）基于土压力的分析方法　通过土压力分布的理论公式或假设，计算桩身的弯矩及位移分布。该方法主要是土压力的确定，变形分析中没有考虑非线性。该方法可以作为初步设计使用，但是该种方法考虑因素较少，实测与计算结果仍有一定的差异。

（3）基于土体变形的分析方法　该种方法是通过土体的位移来计算桩身的位移及弯矩分布，Poulos 采用弹性力学的方法，假定桩周土为均质弹性介质，变形模量沿深度线性变化，桩简化为弹性梁，由桩土接触面上的应力平衡及梁的挠曲微分方程求解桩的内力和挠度。国内的学者李国豪则是对桩土相互作用及相对位移采用线弹性模型，采用弹性地基梁解析法对堆载下桩进行分析。

（4）有限单元法　该种方法采用有限元原理，这种方法可以定性地考虑复杂的边界条件、土的变形、施工顺序等影响，同时可以考虑桩土变形共同作用，可以较为方便地利用计算机编程进行结构内力的求解。

而对于地下连续墙基础的计算大多采用 8 种弹簧地基反力法，即将土体对基础的作用力用 8 种弹簧地基反力表示，如图 2-1 所示。K_1、K_2、K_5 是外侧土体对墙体的作用；K_3、K_4、K_6 是内部土芯对墙体的作用；K_7、K_8 是墙底土体对结构的作用，其中作用的弹性支承反力是基础的位移与地基反力系数的乘积。这种方法由沉井的计算方法发展而来，并在日本工程界广泛采用。

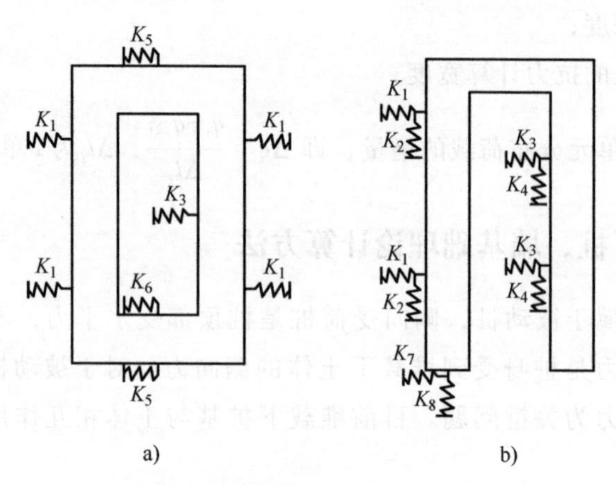

图 2-1 地下连续墙基础计算模型图

a）平面图 b）立面图

2.2 堆载下桩墙组合基础的理论研究

2.2.1 堆载下桩墙组合基础的受力分析

1. 水平受力分析

桩墙组合基础在堆载作用下水平受力，如图 2-2 所示，主要包括：地面堆载引起土体对结构的土压力 P；结构位移导致其后土体变形从而产生对结构的反力

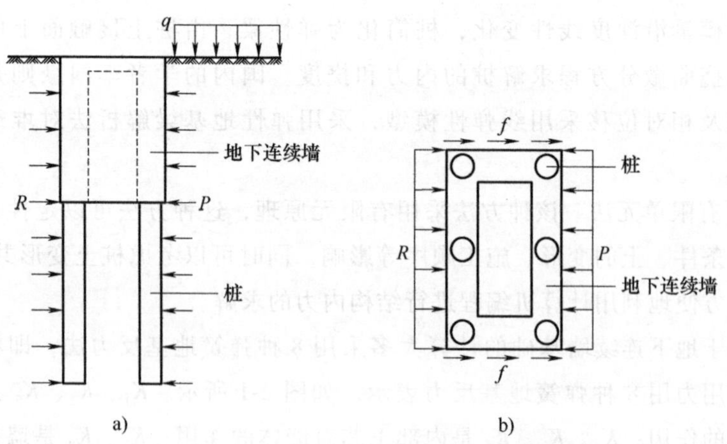

图 2-2 桩墙组合基础水平受力示意图

a）受力立面图 b）受力平面图

R；土体对地下连续墙侧面的摩阻力 f。实际组合基础受力中，还有墙体内部土芯对墙体的作用。相比传统的水平抗力基础，桩墙组合基础主要由墙体来承担土体的水平压力，下部桩体起嵌固作用。

2. 竖向受力分析

桩墙组合基础竖向受力主要包括：上部结构传递到基础的重力、地下连续墙墙体四个侧面及桩体侧面提供向上的侧摩阻力、墙体底部及桩体底部提供向上的端阻力。研究表明墙体侧摩阻力和端阻力存在异步发挥现象，此外当堆载较大时桩墙组合基础会产生向下的类似桩基的负摩阻力，并且随着堆载的增加，作用在结构上的负摩阻力也随之增加。

2.2.2 桩墙组合基础的稳定性验算

1. 抗倾覆验算

桩墙组合基础在堆载下可能发生绕 O 点的倾覆破坏（图 2-3），需要对桩墙组合基础进行抗倾覆验算。

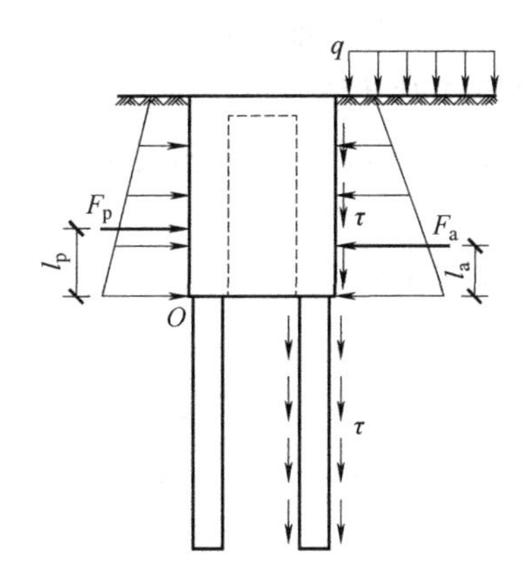

图 2-3 桩墙组合基础抗倾覆验算示意图

桩墙组合基础在堆载下主要由墙体承受土压力，假设桩墙组合基础两侧土体均达到极限平衡状态。前墙（近堆载侧墙体）承受主动土压力 F_a，后墙承受被动土压力 F_p，主动土压力按照朗肯土压力理论，可由下列公式计算：

$$\sigma_{aA}=qK_a \tag{2-4}$$

$$\sigma_{aB}=(q+\gamma H)K_a-2c\sqrt{K_a} \tag{2-5}$$

$$E_a=(\sigma_{aA}+\sigma_{aB})H/2 \tag{2-6}$$

$$F_a=E_aL \tag{2-7}$$

式中 F_a——作用在墙体上的主动土压力（kN）；

E_a——主动土压力、合力（kPa）；

σ_{aA}、σ_{aB}——墙体顶部、底部的主动土压力强度（kPa）；

q——地面堆载大小（kPa）；

γ——土体重度（kN/m^3），地下水位以下采用有效重度；

H——墙体高度（m）；

K_a——朗肯主动土压力系数，$K_a=\tan^2(45°-\varphi/2)$；

c——填土的内黏聚力（kPa）；

φ——填土的内摩擦角（°）；

L——堆载侧地下连续墙墙宽（m）。

同理可求得墙体的被动土压力 F_p，不同的是被动土压力强度，表示为

$$\sigma_p=\gamma HK_p+2c\sqrt{K_p} \tag{2-8}$$

式中 σ_p——被动土压力强度（kPa）；

K_p——被动土压力系数，$K_p=\tan^2(45°+\varphi/2)$。

当地面出现荷载堆载时，会对近堆载侧桩墙产生负摩阻力，当负摩阻力较小时，组合基础结构绕 O 点逆时针倾覆，负摩阻力对结构的抗倾覆也起到一定的作用。但当负摩阻力较大时，组合基础结构则会绕 O 点顺时针倾覆，此时的负摩阻力成为主要的倾覆力。负摩阻力的大小受到多种因素的影响，包括地面堆载的范围、大小及桩墙周围土层的应力历史、土层的强度和变形性质等。可以采用式（2-9）近似计算负摩阻力的大小：

$$\tau_u=c_a+\sigma_x\tan\varphi_a \tag{2-9}$$

式中 τ_u——墙体或桩体上的负摩阻力（kPa）；

c_a——墙侧或桩侧表面与土之间的附着力（kPa）；

φ_a——摩擦角（°）；

σ_x——深度 z 处作用下桩侧或墙侧表面的法向压力（kPa），这里取堆载侧墙体或桩体所受主动土压力。

堆载侧主动土压力产生倾覆力矩，负摩阻力、后墙被动土压力、侧墙摩阻力提供抗倾覆力矩。通过式（2-10）验算结构的抗倾覆：

$$T_t=\frac{F_pl_p+\tau_uB/2+fl_i}{F_al_a}\geqslant T_{[t]} \tag{2-10}$$

式中 T_t——抗倾覆安全系数；

$T_{[t]}$——抗倾覆安全系数容许值；

l_p、l_a——土压力作用点距墙底的距离（m），其中，$l_a=H(2\sigma_{aA}+\sigma_{aB})/(3\sigma_{aA}+\sigma_{aB})$，$l_p$求法同$l_a$；

B——组合基础结构的宽度（m）；

f——土体对侧墙墙体摩阻力（kN）；

l_i——摩阻力作用点距墙底的距离（m）。

值得注意的是，当未堆载的一侧墙体外土体较为密实，且堆载侧荷载较大时，会产生较大的负摩阻力，可能会发生绕墙底某点的倾覆，在实际工程中要注意监测基础上部结构的水平位移，当水平位移偏向堆载侧时，可能正在发生此类倾覆破坏。

2. 抗滑移验算

若桩墙组合基础一侧堆载过大，组合基础可能在桩墙连接处产生滑移破坏，结构主要由底部桩体提供水平抗力与组合基础侧面摩阻力及堆载远侧墙体所受的被动土压力来提供抗滑移力。可通过式（2-11）对组合基础的抗滑移进行验算：

$$T_s=\frac{F_p+nR_h+f}{F_a}\geqslant T_{[s]} \tag{2-11}$$

式中 T_s——结构抗滑移安全系数；

$T_{[s]}$——结构抗滑移安全系数允许值；

n——桩数；

R_h——单桩桩体水平承载力（kN），实际工程中可以通过现场单桩水平载荷试验确定，当缺少试验资料时，可参照JGJ 94—2008《建筑桩基技术规范》，配筋率小于0.65%的灌注桩按式（2-12）计算，配筋率不小于0.65%的灌注桩按式（2-13）计算：

$$R_h=\frac{0.75\alpha\gamma_m f_t W_0}{\nu_M}(1.25+22\rho_g)\left(1\pm\frac{\zeta_N N_k}{\gamma_m f_t A_n}\right) \tag{2-12}$$

$$R_h=\frac{0.75\alpha^3 EI}{\nu_x}\chi_0 \tag{2-13}$$

式中 R_h——单桩水平承载力特征值（kN）；

α——桩的水平位移系数；

γ_m——桩截面模量塑性系数；

f_t——桩身混凝土抗拉强度设计值（kPa）；

W_0——桩身换算截面受拉边缘的截面模量（m^3）；

ν_M——桩身最大弯矩系数；

ρ_g——桩身配筋率；

A_n——桩身换算截面面积（m^2）；

ζ_N——桩顶竖向力影响系数；

N_k——在荷载效应标准组合下桩顶竖向力（kN）；

EI——桩身抗弯强度（$kN \cdot m^2$）；

χ_0——桩顶允许水平位移（m）；

ν_x——桩顶水平位移系数。

相关参数参照《建筑桩基技术规范》取值。

3. 桩墙组合基础连接处节点验算

1）在地面堆载下，当桩数较少或桩径较小而堆载侧土压力较大时，组合基础上部墙体发生整体水平位移，这时可能在连接处发生桩体剪切破坏，此时需要根据 GB 50010—2010《混凝土结构设计规范》（2015 年版），将其等同于矩形截面，按式（2-14）对桩体顶部进行抗剪切验算：

$$V=\alpha f_t \pi r^2+2f_{yv}\frac{A_{sv}}{s}r \geqslant (F_a-F_p-f)/n \tag{2-14}$$

式中 V——桩体受剪承载力设计值（N）；

α——截面受剪承载力系数，可取为 0.7；

f_t——混凝土轴心抗拉强度设计值（N/mm^2）；

r——桩体半径（mm）；

A_{sv}——配置在同一截面内箍筋全部截面面积（mm^2）；

f_{yv}——箍筋抗拉强度设计值（N/mm^2）；

s——沿构件长度方向的箍筋间距（mm）。

2）当组合基础绕某点转动发生倾覆破坏时，由于在桩墙连接处刚度突变，桩体上部可能被拉断，因此桩体连接处受拉承载力计算可表示为

$$N_u=f_y A_s \tag{2-15}$$

式中 N_u——受拉承载力设计值（N），该值要大于组合基础结构绕 O 点发生转动时上部墙体对桩体的拉力；

f_y——钢筋抗拉强度设计值（N/mm^2）；

A_s——受拉钢筋全部截面面积（mm^2）。

2.2.3 桩墙组合基础的有限元分析

基于有限元原理将基础结构划分为单元，通过求解结构的位移矩阵，进而

求解结构的内力，该方法可以比较方便地利用计算机编程进行结构内力的求解。因此，文中基于以上理论采用该法对组合基础的变形及内力进行求解。

1. 堆载下土压力处理

将结构划分为 n 个单元，形成 $n+1$ 个节点，单元的长度为各节点相邻单元之和的一半，即 $l_i=\frac{1}{2}(H_{i-1}+H_i)$，堆载下结构所受的土压力可按照朗肯土压力理论按式（2-15）计算求得。

将结构单元上的土压力转换为作用在节点上的节点集中力，其中设结构与土的接触面上的径向作用力在各单元上为线性分布，当单元划分足够多时，土压力分布接近于均匀分布。作用在节点上的等效节点荷载按式（2-16）求得：

$$P_i=l_iB_i(a_i+b_i) \tag{2-16}$$

式中　l_i——i 单元的单元长度（m）；

B_i——结构的计算宽度（m），地下连续墙取堆载侧墙宽 L，桩取单桩桩径 d 乘以堆载侧桩数 n，如图 2-4 所示；

a_i、b_i——节点上下单元中点的土压力强度（kPa），如图 2-5 所示。

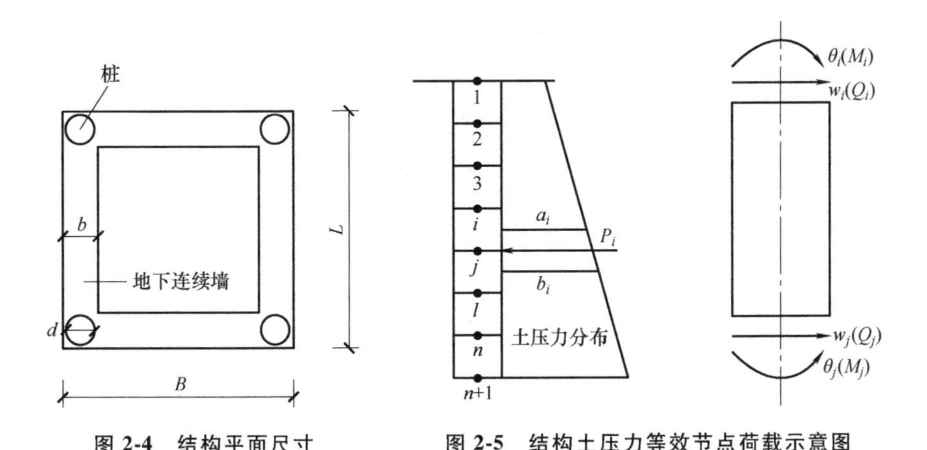

图 2-4　结构平面尺寸　　　图 2-5　结构土压力等效节点荷载示意图

等效节点荷载矩阵 $\{P\}$ 为

$$\{P\}=(P_1\quad 0\quad P_2\quad 0\quad \cdots\quad P_{n+1}\quad 0)^{\mathrm{T}} \tag{2-17}$$

2. 结构内力变形分析

忽略结构的径向变形，结构节点自由度为 2，其单元刚度矩阵 $[K]^e$ 为

$$[K]^{e}=\frac{E_{\mathrm{p}}I}{L^{3}}\begin{bmatrix}12 & 6L & -12 & 6L\\ & 4L^{2} & -6L & 2L^{2}\\ 对 & & 12 & -6L\\ & 称 & & 4L^{2}\end{bmatrix} \tag{2-18}$$

式中 E_{p}——墙或桩单元的弹性模量（kPa）；

I——墙或桩的截面惯性矩（m^4），将组合基础结构视为一个整体结构，则对于图 2-4 所示的结构尺寸惯性矩为

$$I_{1}=\frac{1}{12}[LB^{3}-(L-2b)(B-2b)^{3}] \tag{2-19a}$$

$$I_{2}=n\left[\frac{\pi d^{4}}{64}+\left(\frac{B-b}{2}\right)^{2}\frac{\pi d^{4}}{4}\right] \tag{2-19b}$$

式中 I_1——墙体惯性矩（m^4）；

I_2——桩体惯性矩（m^4）；

L——墙或桩单元长度（m）；

n——桩数。

将单元刚度矩阵按对号入座集成整体刚度矩阵 $[K]_{2(n+1)\times 2(n+1)}$，其中 n 为划分单元数。如求式（2-20）两个单元的整体刚度矩阵，根据对号入座得出结构的整体刚度矩阵 $[K]$ 为（式 2-21）。

$$[K]^{2}=\begin{bmatrix}A_{2} & B_{2}\\ C_{2} & D_{2}\end{bmatrix}\begin{matrix}2\\3\end{matrix}\quad(\text{列号 }2\ \ 3) \tag{2-20a}$$

$$[K]^{1}=\begin{bmatrix}A_{1} & B_{1}\\ C_{1} & D_{1}\end{bmatrix}\begin{matrix}1\\2\end{matrix}\quad(\text{列号 }1\ \ 2) \tag{2-20b}$$

$$[K]=\begin{bmatrix}A_{1} & B_{1} & 0\\ C_{1} & D_{1}+A_{2} & B_{2}\\ 0 & C_{2} & D_{2}\end{bmatrix} \tag{2-21}$$

结构整体位移矩阵 $\{U\}$ 为

$$\{U\}=(u_{1}\quad \theta_{1}\quad u_{2}\quad \theta_{2}\quad \cdots\quad u_{n+1}\quad \theta_{n+1})^{\mathrm{T}} \tag{2-22}$$

则结构自身变形形成的抗力矩阵为

$$\{F\}=[K]\cdot\{U\} \tag{2-23}$$

3. 土体对结构的侧向反力

采用地基反力法计算，忽略结构和土体之间的摩阻力对水平抗力的影响，其中土的侧向弹性抗力系数采用“m”法，即假定 k 随深度成正比增加，进行有限元分析。

土对结构形成的整体结构反力矩阵［K_S］为

$$[K_S]=B_i\begin{bmatrix} k_1 & & & & & & \\ & 0 & & & & 0 & \\ & & \ddots & & & & \\ & & & k_i & & & \\ & & & & 0 & & \\ & & & & & \ddots & \\ & 0 & & & & k_{n+1} & \\ & & & & & & 0 \end{bmatrix}_{2(n+1)\times 2(n+1)} \tag{2-24}$$

式中　B_i——结构的计算宽度（m）；

k_i——土体在第 $n+1$ 个节点对结构形成的反力刚度（kN/m），计算公式为

$$k_i=\frac{1}{2}(c_i+d_i)l_i \tag{2-25}$$

式中，$c_i=mh_1$，$d_i=mh_2$，如图 2-6 所示，h_1、h_2 为计算单位的两端节点深度（m），m 为土体水平抗力系数的比例常数（kN/m^4）；l_i 为单元的计算长度（m）。

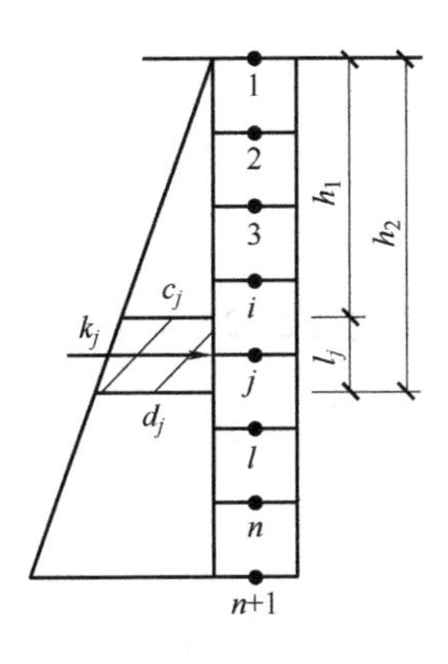

图 2-6　土体反力形成节点刚度等效示意图

土体位移矩阵为

$$\{w\} = (w_1 \quad \theta_{s1} \quad w_2 \quad \theta_{s2} \quad \cdots \quad w_{n+1} \quad \theta_{sn+1})^{\mathrm{T}} \tag{2-26}$$

则土体提供给结构的反力矩阵 $\{R\}$ 为

$$\{R\} = [K_S] \cdot \{w\} \tag{2-27}$$

4. 变形及内力求解

根据力的平衡原则可得

$$\{P\} = \{R\} + \{F\} = [K_S] \cdot \{w\} + [K] \cdot \{U\} \tag{2-28}$$

考虑结构与土体变形协调，土体的位移等于结构的位移即 $\{w\} = \{U\}$，则可以转化为

$$\{P\} = \{R\} + \{F\} = ([K_S] + [K]) \cdot [U] \tag{2-29}$$

通过该方程矩阵求逆得结构位移矩阵 $\{U\}$，从而进一步求得结构各单元节点的节点力 $\{F\}^e$为

$$\{F\}^e = [K]^e \cdot \{U\} \tag{2-30}$$

按此求得的力为组合基础桩、墙整体的受力，即求得墙身上的弯矩为前后墙及侧墙整体的弯矩，求得桩上的弯矩为 n 根桩共同承担的弯矩，若假设各桩承担弯矩相同则单桩承受的弯矩为 M/n。

5. *p-y* 曲线法求解

p-y 曲线法为非线性的求解方法，假设土体的抗力与位移用 *p-y* 曲线表示，即土的抗力为位移的函数，用 $F(w)$ 表示，则式（2-28）可转化为

$$\{P\} = \{R\} + \{F\} = \{F(w)\} + [K] \cdot \{U\} \tag{2-31}$$

此时的方程为非线性多元方程，若结构有 n 个节点，则位移矩阵 $\{U\}$ 有 $2n$ 个未知位移量，即方程数量为 $2n$，且 $F(w)$ 不再是位移的线性关系，不能通过位移矩阵相等求逆求得，需要联立所有的位移方程求得。

p-y 曲线可以采用实测的 *p-y* 曲线，或者采用《桩基工程手册》中给出的经验曲线：

软黏土中当 $y/y_{50}<8$ 时按照式（2-32）计算：

$$\frac{P}{P_u} = 0.5\left(\frac{y}{y_{50}}\right)^{\frac{1}{3}} \tag{2-32}$$

当 $y/y_{50} \geqslant 8$ 时按照式（2-33）计算：

$$\frac{P}{P_u} = 1 \tag{2-33}$$

式中 P——z 深度处基础上水平抗力标准值（kPa）；

P_u——z 深度处基础侧单位面积土体极限水平抗力标准值（kPa）；

y——z 深度处桩的侧向变形（mm）；

y_{50}——基础周围土体达到极限水平抗力的一半时，相应的结构侧向水平位移（mm）。

P_u、y_{50}的具体求解方法见相关规范。从式（2-32）可以看出，此时土体的水平抗力为位移的1/3次方。

2.2.4 理论计算结果分析

基于以上有限元内力计算原理，采用“m”法编写计算程序对结构在不同条件下的内力及变形进行求解。影响结构变形及内力的因素很多，这里主要计算分析桩数、桩长、墙高、桩径、堆载大小这几个因素对组合基础变形及内力的影响。同时为了对比，计算了单片桩墙在不同堆载作用下的弯矩和位移。

如未特别说明，计算模型的基本参数为：地下连续墙墙宽堆载侧为 $L=5\text{m}$，另一边墙宽 $B=3\text{m}$，土层内黏聚力 $c=3.5\text{kPa}$，内摩擦角 $\varphi=30°$，堆载 $q=200\text{kPa}$，地下连续墙墙高 $H_1=5\text{m}$，桩长 $H_2=10\text{m}$，土的重度 $\gamma=18\text{kN/m}^3$，地下连续墙墙厚 $b=0.8\text{m}$，桩径 $d=0.6\text{m}$，桩数 $n=6$。

1. 桩数变化对结构变形及内力的影响

当桩的数量 n 为4根、6根和8根时，桩墙组合基础的水平位移及弯矩，如图2-7所示。

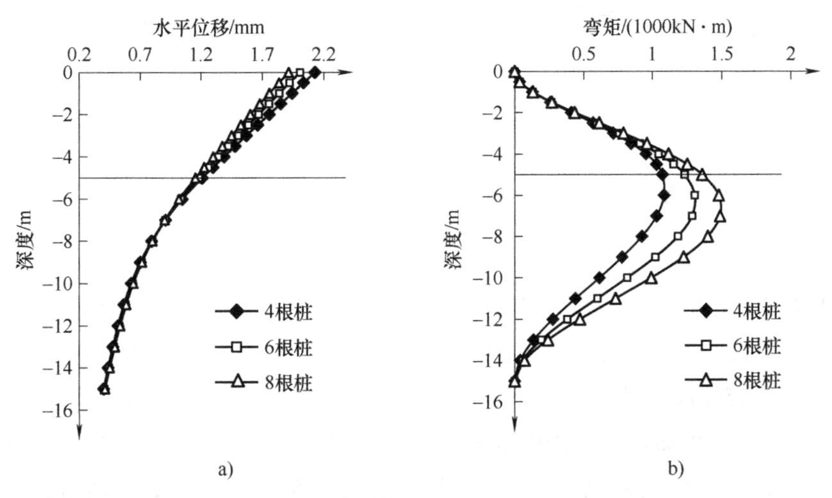

图2-7 不同桩数下桩墙组合基础的水平位移及弯矩

a）水平位移 b）弯矩

由图2-7a（图中−5m处横线为桩墙分界线）可以看出，桩数的改变对桩墙组合基础上部墙体的水平位移影响较大，桩数越多，基础顶部墙体的水平位移越小，但是桩数的改变对下部桩体的水平位移影响较小，在桩墙连接处附近桩数的改变对水平位移的影响基本相同。同时，从图 2-7b 可以看出，随着桩数的增加，桩体的弯矩增大，桩墙组合基础最大弯矩点下移，这是因为在桩墙连接处，由于墙体刚度远远大于桩体，桩墙组合基础会在连接处产生刚度突变，桩数越多，下部桩体与墙体的刚度差距越小，桩体所分担的弯矩越大。同时桩数越多，对地下连续墙的嵌固作用越强，地下连续墙底部弯矩也越大。

2. 桩长和墙高变化对结构变形及内力的影响

桩长分别取为 10m、15m 和 20m 时桩墙组合基础的水平位移及弯矩，如图 2-8 所示。

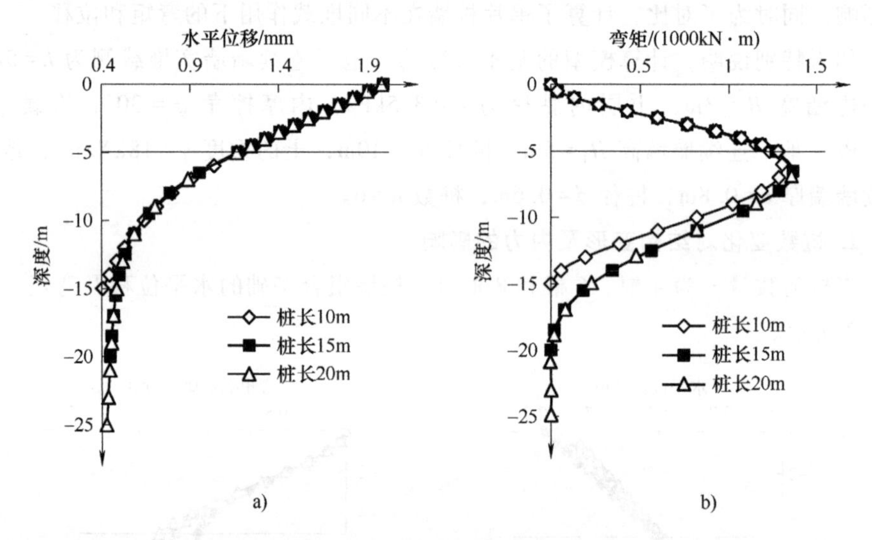

图 2-8　不同桩长下桩墙组合基础的水平位移及弯矩

a）水平位移　b）弯矩

当桩长越小时，由于墙体刚度较大，不能发生挠曲变形，整体的桩墙组合基础刚性状态越明显，且可以由图 2-8 看出桩长的改变对上部墙体的水平位移影响较小。在 15m 深度处，桩长 10m 的桩墙组合基础在桩底的水平位移要小于桩长 15m、20m 的桩墙组合基础的水平位移。这表明当桩长较小时，桩墙组合基础会绕某点发生整体的倾斜破坏，但当桩长增加到 15m、20m 时，桩墙组合基础的水平位移及弯矩基本一致，说明当桩长增加到一定长度后，再增加桩长对结构的变形及内力影响较小。

由图 2-9 可以看出，桩长由 6m 增加到 10m 时，桩墙组合基础最大位移减小了0.3mm，增加桩长对桩墙组合基础水平位移有影响，但是当桩长达到10m以后，桩墙组合基础的最大位移基本趋于稳定。因此在实际工程中通过增加桩长来减小桩墙组合基础的水平位移并不经济，在该计算工况下，基于变形控制时，10m是桩墙组合基础的最佳桩长。

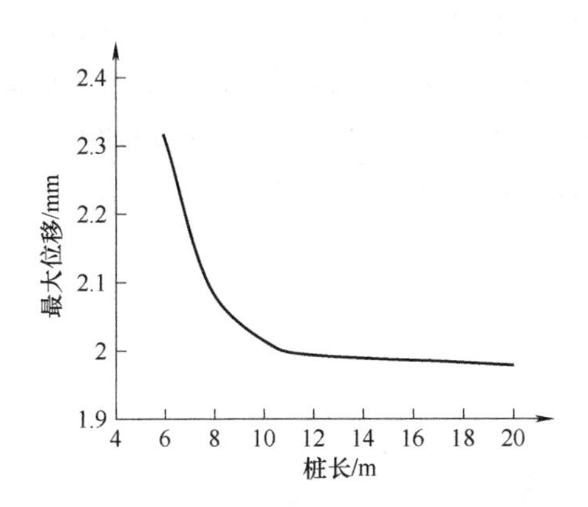

图2-9 不同桩长下桩墙组合基础的最大位移

墙高为5m、8m和10m时的水平位移及弯矩如图2-10所示。

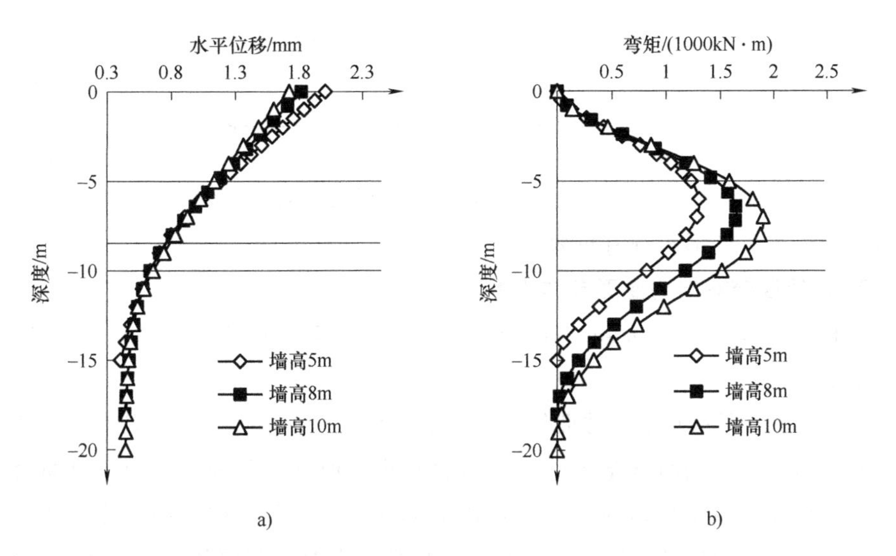

图2-10 不同墙高下桩墙组合基础的水平位移及弯矩

a）水平位移 b）弯矩

对比图2-8a与图2-10a，墙高的改变对桩墙组合基础结构上部的水平位移影响较大，墙高越高，基础上部墙体的水平位移越小，但是墙高的改变对下部桩体的水平位移影响较小，因此，当上部结构需要控制变形时，重点在于地下连续墙的设计。同时通过图 2-10b 可以看出，当墙高变大时，桩墙组合基础的最大弯矩点由桩墙连接处下部上移到上部墙体，而对比图 2-8b，桩长改变时，最大弯矩点位置变化很小，说明在组合基础结构中，墙体对结构的影响远远大于下部桩体，墙高越高，墙体对结构的影响越大，由墙体承担的弯矩越大。从整体基础看，随着墙高的变化，最大弯矩点下移，这是由于墙高变大，结构整体承受的土压力变大，等效集中受力点随结构深度的增加而下移。为了更好地分析墙高对桩墙组合基础的影响，通过计算得出墙高与结构顶部最大位移之间的关系曲线，如图 2-11 所示。

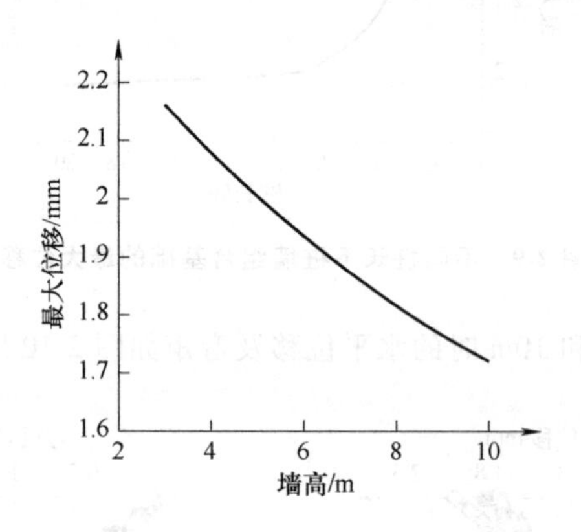

图 2-11　不同墙高下桩墙组合基础的最大位移

如图 2-11 所示，墙高越高，基础的最大位移越小，这也反映出墙高的取值对桩墙组合基础变形控制有重要影响。

3. 桩径改变对结构变形及内力的影响

当桩径 d 分别取为 0.4m、0.6m 和 0.8m 时，组合基础的水平位移及弯矩，如图 2-12 所示。

如图 2-12a 所示水平位移曲线，桩径的变化对上部墙体的水平位移有较大影响，桩径越大，桩墙组合基础的水平位移越小，但是桩径的改变对下部桩体的位移影响较小，说明桩体对上部墙体起嵌固作用。桩径、桩数的改变可以直接影响桩体对上部墙体的嵌固，桩径越大、桩数越多对上部墙体的嵌固作用越强，从而上部墙体的水平位移越小。但是对比桩长的改变，当桩长达到一定长度后，上部桩体对墙体的嵌固作用会达到极限值，之后桩长的增加对上部墙体基本没有影响。图 2-12b 反映出随桩径的变大，墙体底部弯矩变大，桩墙组合基础最大弯矩点下移。这是由于桩径变大对上部墙体嵌固作用加强，从而上部墙体承担更大的弯矩，同时桩径越大，桩体受到侧面土压力越大，桩体承担的弯矩越大。

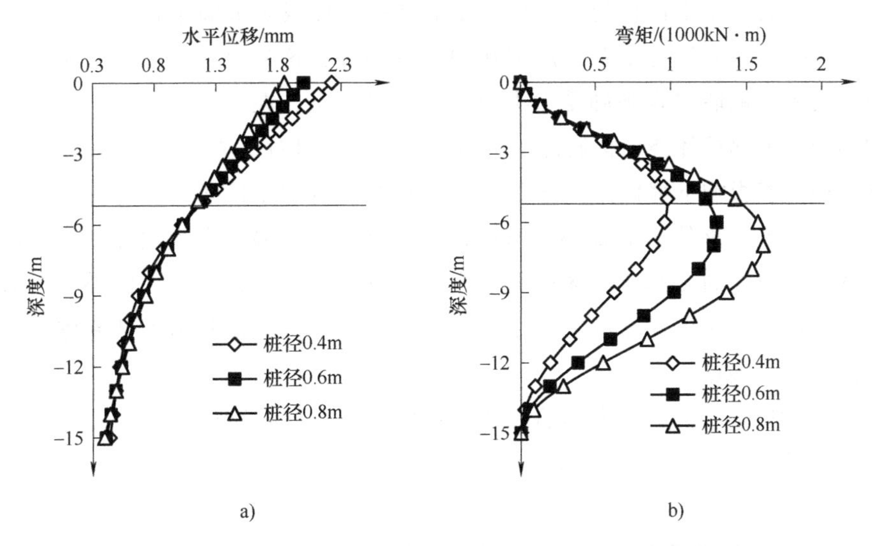

图2-12　不同桩径下桩墙组合基础的水平位移及弯矩

a）水平位移　b）弯矩

4. 堆载大小对结构变形的影响

当堆载 q 分别取为200kPa、250kPa和300kPa时，桩墙组合基础的水平位移及弯矩如图2-13所示。

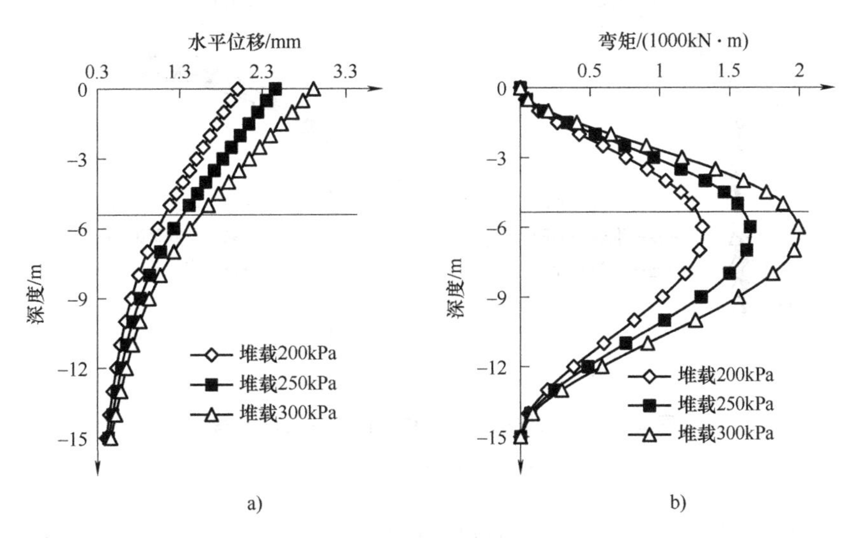

图2-13　不同堆载下桩墙组合基础的水平位移及弯矩

a）水平位移　b）弯矩

由图 2-13a 可以看出，堆载对上部墙体与下部桩体的水平位移均有较大影响，堆载越大，水平位移越大。随深度的增加，堆载对桩墙组合基础的影响逐渐减小，并在桩墙组合基础的底部达到基本相等，这是由于上部地下连续墙结构刚度较大，桩墙组合基础受力类似刚性短桩性态，在土压力作用下，上部墙体位移带动下部桩体绕结构底部发生整体变形。同时对比图 2-8 可以发现，上部墙体位移所能影响下部桩体的长度在 10m 左右，当桩体长度大于 10m 时，上部墙体变形对下部桩体影响很小，当桩长很长时，上部墙体发生刚性变形，而下部桩体会出现挠曲变形，墙体的转点在下部桩身的某个位置处。此外，上部墙体的水平位移随入土深度的增加基本呈线性衰减，这也反映出上部墙体刚度大呈刚性变形的特点。

图 2-13b 显示，堆载大小的改变，对桩墙组合基础墙体下部、桩体上部影响较大，达到最大弯矩后随深度的增加，堆载对桩墙组合基础的影响逐渐减小。

5. 单片桩墙与组合墙体结构变形的区别

为了更好地了解桩墙组合基础的受力变形性状，同时计算对比了单片桩墙结构在不同堆载下的水平位移及弯矩，如图 2-14 所示。

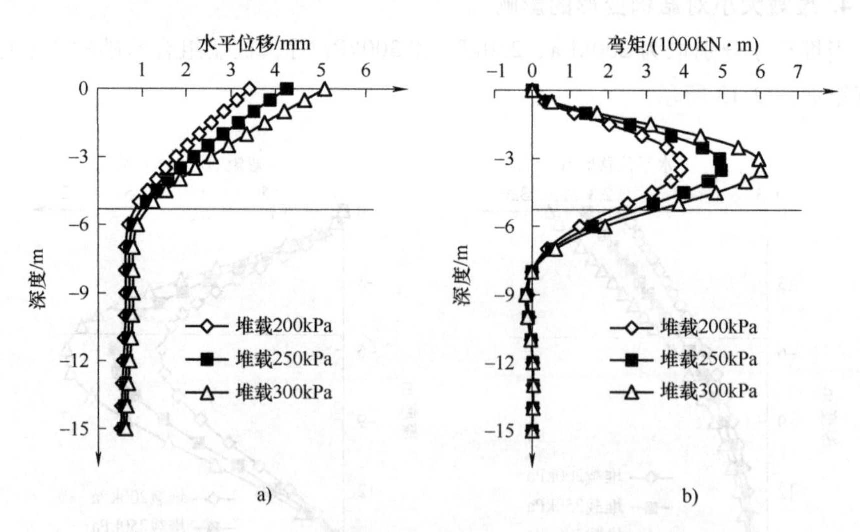

图 2-14 不同堆载下单片桩墙的水平位移及弯矩

a）水平位移 b）弯矩

对比图 2-13a 与图 2-14a 可以看出，单片桩墙结构上部墙体随深度的增加，水平位移仍呈线性衰减，最大位移仍在基础顶部，但是上部墙体由于比整体组

合基础的抗弯强度 EI 减小，与下部桩体刚度差距减小，单片桩墙不再呈整体变形，呈现出绕桩墙连接处转动。同时由于整体桩墙组合基础形成较大的空间结构，具有较大的抗侧刚度，因此相同堆载下，单片桩墙的最大位移比整体桩墙组合基础要大很多。

对比图 2-13b 与图 2-14b 可以看出，整体组合基础弯矩呈“大肚形”，即随深度的增加弯矩逐渐增大，在桩墙连接处附近弯矩值达到最大，然后弯矩逐渐减小到 0。这与单室井筒式地下连续墙基础的受力情况相似。但是单片桩墙结构墙与整体桩墙组合基础受力有所不同，单片桩墙整体呈挠曲变形，最大弯矩出现在桩墙连接处上部的墙体上，同时在桩体上出现了 2 个反弯点，呈柔性桩，而整体桩墙组合基础结构由于刚度较大，呈整体变形，桩体上没有反弯点。

2.2.5　小结

本节通过对桩墙组合基础内力、变形及稳定性初步的理论分析计算，利用有限元原理编程求解，分析对比不同因素对结构变形及内力的影响，可以得出以下结论：

1）堆载作用下桩墙组合基础结构受力呈“大肚形”，变形呈整体倾斜变形，在桩长较短的情况下尤为明显，且桩墙连接处由于桩墙刚度突变，弯矩最大值在距地面深度 5m 的连接节点处附近，因此桩墙组合基础结构应该重视节点的连接处理。

2）周边堆载对结构的位移及内力影响最大，因此应该监测基础周边堆载，避免堆载过大使基础产生破坏。除上部荷载的影响因素外，墙高的改变对结构的影响最大，其次是桩径、桩数的改变，桩长的改变尤其是当桩长达到 10m 以后，对桩墙组合基础的影响较小。因此，在实际工程中可以通过增加墙高或桩径来增强桩墙组合基础的水平承载力，从而减小基础的水平位移。

3）单片桩墙结构与桩墙组合基础在受力与变形上存在差异，桩墙组合基础的整体性受力更为明显，偏刚性变形，而单片桩墙结构受力主要集中在上部 5m 深度内的墙体，呈挠曲变形，水平承载力低于整体桩墙组合基础。

4）因堆载下桩墙组合基础结构在土体中前后墙受力通过侧墙、顶盖、土芯相互影响，因而具体分析组合基础中的某一片墙体受力、变形比较困难，本节只是对桩墙组合基础结构的整体受力及变形进行了计算分析。

2.3 水平荷载作用下桩墙组合基础的理论研究

2.3.1 水平荷载作用下桩墙组合基础的受力分析

1. 土压力求解方法

根据朗肯土压力理论假设墙背光滑直立、墙后填土面水平。桩与地下墙组合基础主要承受水平荷载 V_k，主动土压力 P_a，被动土压力 P_p，墙侧摩阻力 f_i，如图 2-15 所示。在实际情况中，墙体内部的土芯也会对组合基础产生影响，为方便计算，这里忽略内部土芯对组合基础的影响。

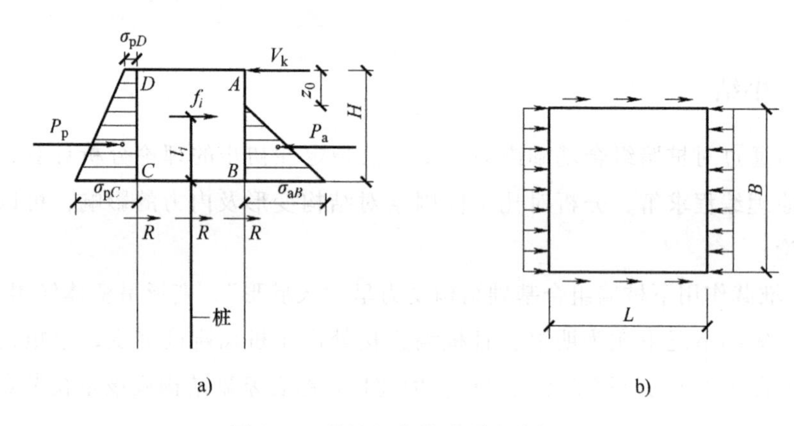

图 2-15 桩墙组合基础受力分析图

a）组合基础受力分析正视图 b）组合基础受力分析俯视图

（1）主动土压力 受荷一侧主动土压力为

$$E_a=\frac{(H-z_0)\sigma_{aB}}{2} \tag{2-34}$$

整面墙体所承受的主动土压力为

$$P_a=E_aB \tag{2-35}$$

式中 σ_{aB}——墙顶填土面处的主动土压力强度与墙底主动土压力强度（kPa），$\sigma_{aB}=\gamma HK_a-2c\sqrt{K_a}$；

γ——填土的重度（kN/m^3）；

K_a——朗肯主动土压力系数，$K_a=\tan^2(45°-\varphi/2)$；

c——填土的内黏聚力（kPa）；

φ——填土的内摩擦角（°）；

E_a——受荷一侧的主动土压力（kN/m）；

P_a——墙体承受的主动土压力（kN）；

B——地下连续墙宽度（m）；

z_0——土压力作用零点距地下连续墙顶部的距离（m），$z_0=2c/\gamma\sqrt{K_a}$；

H——地下连续墙的高度（m）。

（2）被动土压力　远离水平荷载侧被动土压力为

$$E_p=\frac{\sigma_{pC}+\sigma_{pD}}{2}H \tag{2-36}$$

远离水平荷载侧墙体所承受的被动土压力为

$$P_p=E_pB \tag{2-37}$$

式中　σ_{pD}、σ_{pC}——墙顶与墙底被动土压力强度（kPa），$\sigma_{pC}=2c\sqrt{K_p}$，$\sigma_{pD}=\gamma HK_p+2c\sqrt{K_p}$；

K_p——朗肯被动土压力系数，$K_p=\tan^2(45°+\varphi/2)$；

E_p——远离水平荷载侧被动土压力（kN/m）；

P_p——墙体承受的被动土压力（kN）；

其余字母含义同前。

2. 墙侧摩阻力求解方法

组合基础两面侧墙墙体承受的侧摩阻力为

$$F=L\sum q_{sia}l_i \tag{2-38}$$

式中　F——墙侧摩阻力值（kN）；

L——侧面地下连续墙宽度（m）；

q_{sia}——墙侧阻力特征值（kPa）；

l_i——第 i 层土的厚度（m）。

2.3.2　水平荷载下桩墙组合基础的稳定性验算

1. 抗滑移验算

假设在水平荷载作用下桩墙组合基础两侧均同时达到极限平衡。此时，桩墙组合基础的滑动力主要为水平荷载与主动土压力，抗滑力主要由墙侧摩阻力、桩的水平承载力与被动土压力提供。当桩墙组合基础所受的滑动力小于其所受的抗滑力时［式（2-39）］，桩墙组合基础处于安全状态。

$$P_p+2f+nR\geqslant(V_k+P_a)K_t \tag{2-39}$$

式中 V_k——水平荷载（kN）；

n——桩的数量；

K_t——安全系数；

R——桩体水平承载力（kN）。

其余字母含义同前。

按照 JGJ 94—2008《建筑桩基技术规范》桩体水平承载力公式如下：

桩身配筋率小于 0.65%时

$$R=\frac{0.75\alpha\gamma_m f_t W_0}{\nu_M}(1.25+22\rho_g)\left(1\pm\frac{\zeta_N N_k}{\gamma_m f_t A_n}\right) \tag{2-40}$$

桩身配筋率不小于 0.65%时

$$R=0.75\frac{\alpha^3 EI}{\nu_x}\chi_{0a} \tag{2-41}$$

式中 α——桩的水平位移系数；

f_t——桩身混凝土抗拉强度设计值（kPa）；

ν_M——桩身最大弯矩系数；

W_0——桩身换算截面受拉边缘的截面模量（m^3）；

γ_m——桩截面模量塑性系数，圆形截面为 2，矩形截面为 1.75；

A_n——桩身换算截面面积（m^2）；

ρ_g——桩身配筋率；

N_k——在荷载效应标准组合下桩顶竖向力（kN）；

EI——桩身抗弯刚度（kN/m^2）；

ζ_N——桩顶竖向力影响系数，竖向压力取为 0.5，竖向拉力取为 1.0；

ν_x——桩顶水平位移系数；

χ_{0a}——桩顶允许水平位移（m）。

2. 抗倾覆验算

桩墙组合基础在水平荷载下的倾覆力矩主要由水平荷载与主动土压力产生，而抗倾覆力矩主要由墙侧摩阻力与被动土压力提供。为了满足桩墙组合基础的使用要求，应使桩墙组合基础的抗倾覆力矩大于倾覆力矩，即

$$\frac{P_p x_p+\sum f_i l_i}{P_a x_a+V_k H}\geqslant K_s \tag{2-42}$$

式中 V_k——水平荷载（kN）；

K_s——安全系数；

x_a、x_p——主动土压力与被动土压力的作用位置（m），$x_a=H/3$，$x_p=(H/3)[(2\sigma_{pD}+\sigma_{pC})/(\sigma_{pD}+\sigma_{pC})]x$；

f_i——第 i 层土的侧摩阻力值（kN）；

l_i——第 i 层土的厚度（m）。

其余字母含义同前。

3. 桩墙连接处节点验算

（1）抗剪切验算 在水平荷载作用下，桩墙组合基础会发生水平方向的位移，此时，桩墙连接处的节点受到剪切力作用，可能发生剪切破坏。按照 GB 50010—2010《混凝土结构设计规范》（2015 年版），在桩墙组合基础的节点处需要满足公式（2-43）：

$$V=\alpha f_t \pi r^2+2f_{yv}\frac{A_{sv}}{s}r \geqslant (V_k+P_a-P_p-f_i)/n \tag{2-43}$$

式中 V——桩体受剪承载力设计值（N）；

f_t——混凝土轴心抗拉强度设计值（N/mm^2）；

α——截面受剪承载力系数，可取为 0.7；

r——桩体半径（mm）；

A_{sv}——配置在同一截面内箍筋全部截面面积（mm^2）；

s——沿构件长度方向的箍筋间距（mm）；

f_{yv}——箍筋抗拉强度设计值（N/mm^2）。

其余字母含义同前。

（2）抗弯验算 桩墙组合基础受水平荷载时，在桩墙连接处会产生弯矩，所以，需要对此处进行抗弯验算，根据 JGJ 120—2012《建筑基坑支护技术规程》中的规定，节点需要满足公式（2-44）：

$$M \leqslant \frac{2}{3}f_c Ar\frac{\sin^3\pi\alpha}{\pi}+f_y A_s r_s\frac{\sin\pi\alpha+\sin\pi\alpha_t}{\pi} \tag{2-44}$$

式中 M——桩的弯矩设计值（kN·m）；

f_c——混凝土轴心抗压强度设计值（kN/m^2）；

A——桩身截面面积（m^2）；

r——桩身半径（m）；

α——对应于受压区混凝土截面面积的圆心角与 2π 的比值；

f_y——纵向钢筋抗拉强度设计值（kN/m^2）；

A_s——全部纵向钢筋的截面面积（m^2）；

r_s——纵向钢筋重心所在圆周的半径（m）；

α_t——纵向受拉钢筋截面面积与全部纵向钢筋截面面积的比值，当 $\alpha>0.625$ 时，取 $\alpha_t=0$。

2.3.3 桩墙组合基础的有限元分析

根据“共同作用”方法，对土的侧向弹性抗力系数采用“m”法，即假定 $k_h(z)=mz$（z 为深度）进行有限元分析。如图 2-16 所示，把桩墙组合基础划分为 n 个单元，则该结构有 $n+1$ 个节点。每个单元的长度为相邻两个单元长度之和的一半，其宽度记为 B_i。假设墙、桩、土的接触面上的径向作用力均匀分布在各个单元上，以合力的形式作用在节点上。

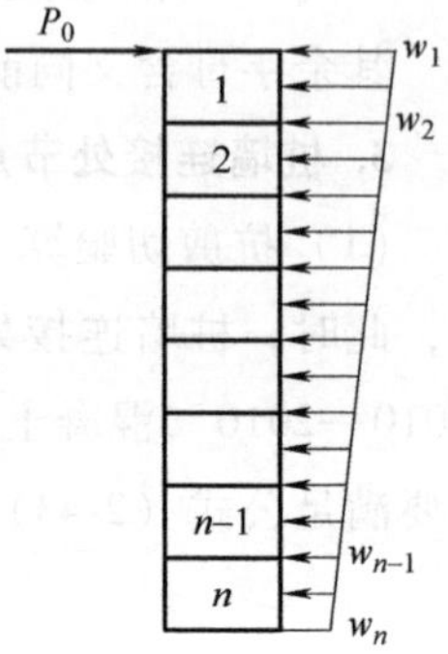

图 2-16 有限元分析

因为在桩与墙的单元上，每个节点的自由度为 2，其单元刚度矩阵为 $[K]^e$［式（2-45）］。然后，对单元刚度矩阵进行对号入座集成整体刚度矩阵 $[K]$。

$$[K]^e=\frac{E_pI}{L^3}\begin{bmatrix}12 & 6L & -12 & 6L\\ & 4L^2 & -6L & 2L^2\\ \text{对} & & 12 & -6L\\ & \text{称} & & 4L^2\end{bmatrix} \tag{2-45}$$

式中 I——单元惯性矩（m^4）；

E_p——墙或桩单元的弹性模量（kPa）；

L——墙或桩单元长度（m）。

根据土的侧向弹性抗力系数求得土对组合基础的反力矩阵，即

$$[K_t]=mLB_i\begin{bmatrix}z_1 & & & & \\ & z_2 & & 0 & \\ & & \ddots & & \\ & 0 & & z_n & \\ & & & & z_{n+1}\end{bmatrix} \tag{2-46}$$

令 $\{w\}$ 为土单元节点位移向量，即

$$\{w\}=(w(z_1)\quad w(z_2)\quad \cdots\quad w(z_{n+1}))=(w_1\quad w_2\quad \cdots\quad w_{(n+1)}) \tag{2-47}$$

将 $[K_t]$、$\{w\}$ 的阶数也扩大一倍，令相应于转动分量的元素为零，并记为 $\{\overline{K_t}\}$、$\{\overline{w}\}$。由桩土侧向变形协调关系可得

$$\{\overline{K_t}\}\cdot\{\overline{w}\}=\{\overline{K_t}\}\cdot\{U\}=\{R\} \qquad (2\text{-}48)$$

式中 $\{R\}$——墙、桩、土作用力向量 $\{R\}=\{P\}-[K]\{U\}$。代入（2-48）得墙、桩与土共同作用的方程：

$$[\overline{K_t}+K]\cdot\{U\}=\{P\} \qquad (2\text{-}49)$$

式中 $\{P\}$——外荷载向量，$\{P\}=(P_0 \quad 0 \quad \cdots \quad 0)^{T}_{n+1}$。

解式（2-49）得到节点位移向量，利用单元节点力和单元节点位移的关系［式（2-50）］，得到各节点内力。利用非节点处截面位移与内力和节点位移的关系，可进一步计算任意截面处的位移和内力。

$$\{F\}^e=[K]^e\{U\}^e \qquad (2\text{-}50)$$

式中 $\{F\}^e$——墙或桩单元节点力向量，$\{F\}^e=(Q_1 \quad M_1 \quad Q_2 \quad M_2)$；

$\{U\}^e$——墙或桩单元节点位移向量，$\{U\}^e=(w_1 \quad \theta_1 \quad w_2 \quad \theta_2)^T$。

2.3.4 理论计算结果分析

影响桩墙组合基础变形与内力的因素主要有水平荷载的大小、墙身的宽度、桩径尺寸、土的性质以及混凝土弹性模量等。进行有限元分析时所需要的参数如下：P_0为水平力，l为地下连续墙的边长，b为地下连续墙的墙厚，d为桩的直径，n为桩的数量，E_p为墙与桩的弹性模量，m为土层的地基反力系数的比例系数（在以下分析中取地下连续墙墙身高度为3m，桩身长度为6m，$l=4$m，$b=1$m，$d=0.8$m，$n=4$，$m=12\text{MN/m}^4$，$E_p=30000$MPa，$P_0=800$kN）。

1. 水平荷载对桩墙组合基础变形与内力的影响

由不同水平荷载与桩墙组合基础的侧向变形（水平位移）关系图（图2-17）可以看出：①桩墙组合基础的最大位移在基础顶部，之后桩墙组合基础的水平位移沿深度方向呈线性减小，在7m附近出现零点，随后水平位移沿反方向增大；②随着水平荷载增加，组合基础的水平位移逐渐增大，但在深度为7m的区域，出现反向拐点，桩墙组合基础围绕该点发生了转动。产生这种问题的主要原因是，上部地下连续墙结构刚度足够大，则桩墙组合基础整体具有足够大的刚度，呈整体倾斜破坏特征。随入土深度的增加，墙体的角位移变化甚小，位移随深度的变化近似为线性变化，所以，桩墙组合基础可以抵抗较大的水平力。随着深度的增加，墙侧摩阻力与被动土压力开始发挥作用，位移逐渐减小。

根据不同水平荷载与桩墙组合基础的弯矩关系图（图2-18）可以看出：①随着水平荷载增加，桩墙组合基础的弯矩增大；②桩墙组合基础的弯矩沿深度方向先增大，在桩与墙连接处附近达到弯矩最大值，然后迅速减小直至为零。主要原因是，随着深度的增加，主动土压力逐渐增大，虽然被动土压力与墙侧摩阻力也相对增大，但抗力产生的弯矩仍不足以平衡水平荷载与主动土压力产生的弯矩。在桩墙组合基础下部弯矩较小是因为此时被动土压力与墙侧摩阻力所提供的弯矩足够大。在桩与地下连续墙连接处弯矩达到最大值，是因为地下连续墙与桩基础在受力面积上相差很大，造成了在此处刚度发生突变。所以桩和地下连续墙刚接处为桩墙组合基础的最不利影响位置，在实际工程中应该格外注意刚接处的设计与施工。

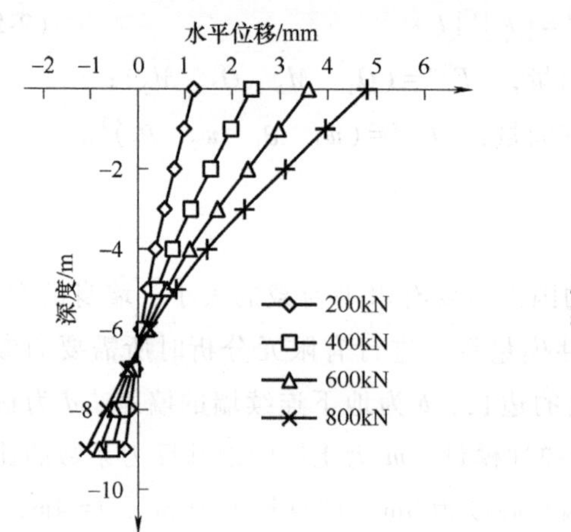

图 2-17　不同水平荷载与侧向变形关系图　　图 2-18　不同水平荷载与弯矩关系图

2. 墙身宽度对桩墙组合基础变形与内力的影响

在墙身宽度影响下桩墙组合基础的侧向变形与弯矩图（图 2-19）中，随着墙身宽度的减小，桩墙组合基础的上部水平位移逐渐增大，但是组合基础下部的水平位移变化相对较小。其原因是：墙身宽度越大，桩墙组合基础的刚度越大，桩墙组合基础的侧向变形越小。随着入土深度的增加，水平荷载对桩墙组合基础的作用效果逐渐消散，所以桩基础部分所承担的水平位移与弯矩相对较小。在桩墙组合基础中桩基部分起到了很好的嵌固作用。随着墙身宽度减小，墙身弯矩变化不大，桩与墙连接处和桩身弯矩增大比较明显。因为，墙身宽度减小，而桩径不变，使得桩身刚度与墙身刚度之比增加，桩身将分配到更多的弯矩。所以，在桩与地下连续墙刚接处与桩体上，弯矩有所增加。在室内模型试验中也得到了桩墙组合基础尺寸减小会增加桩墙连接处弯矩的结论。

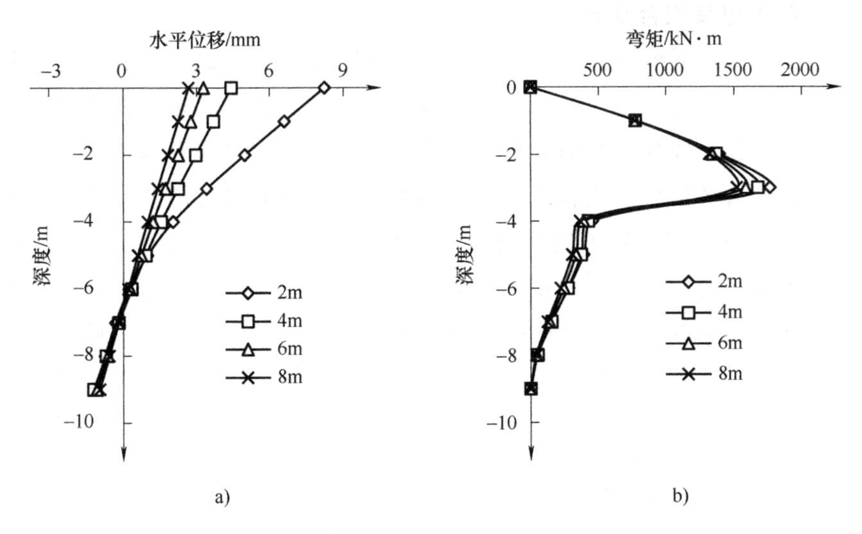

图 2-19 墙身宽度影响下桩墙组合基础的侧向变形与弯矩

a）侧向变形 b）弯矩

在桩墙组合基础顶部侧向变形与墙身宽度的关系曲线图（图 2-20）中，当墙身宽度从 2m 增加到 6m 后，桩墙组合基础的水平位移减小了 4.9mm，但是墙身宽度从 6m 增加到 10m 后，桩墙组合基础的水平位移仅仅减少了 1mm。由此可以推断，墙身宽度越大，桩墙组合基础顶部的侧向变形越小，但是随着墙身宽度的继续增加，基础顶部的侧向变形逐渐趋于定值。这说明，在一定范围内增加地下连续墙宽度，可以有效地控制桩墙组合基础的最大位移，超出此范围后，再增加地下连续墙宽度，对水平位移控制效果不明显。所以在实际工程当中，应该特别注意墙身宽度的选取，使得基础既不能太浪费，又不能让桩承担较大的弯矩。

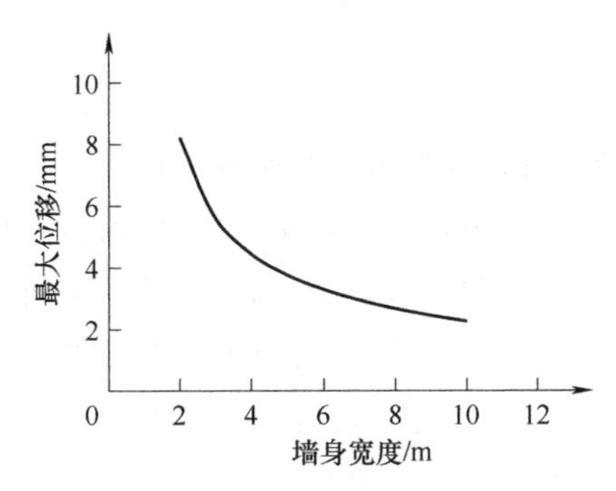

图 2-20 桩墙组合基础顶部侧向变形与墙身宽度的关系曲线

3. 桩径对桩墙组合基础变形与内力的影响

根据桩径影响下组合基础的侧向变形与弯矩图（图 2-21）可得：①桩径较小时，桩身刚度相对较小，桩身出现非线性变化；桩径增大后，组合基础沿深度方向的变形趋于线性。②随着桩径增大，组合基础水平位移减小，但是，地下连续墙部分水平位移变化较大，桩基础部分水平位移变化较小。进一步验证了在组合基础中，桩起到了良好的嵌固作用。随着桩径增大，桩与墙连接处、桩身弯矩增大，墙身弯矩变化较小。这是因为，无论墙身尺寸的改变还是桩径的变化，都将影响组合基础整体的刚度分布，进而影响桩墙组合基础上弯矩的分配，从而使得桩身承担较大的弯矩。桩径增大，桩土接触面面积增大，所以桩身内力也随之增大。所以，在实际工程中，桩径的选择也尤为重要。

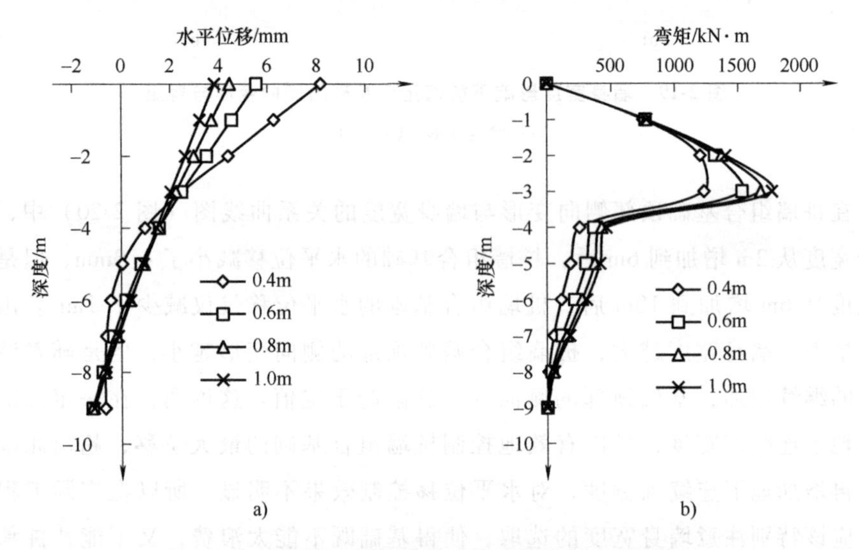

图 2-21　桩径影响下桩墙组合基础的侧向变形与弯矩

a）侧向变形　b）弯矩

由桩墙组合基础顶部侧向变形与桩径的关系曲线图（图 2-22）可以看出：桩径从 0.2m 增加到 0.6m 后，桩墙组合基础顶部的水平位移减小了 10.1mm。但是，当桩径从 0.8m 增大到 1.0m 后，桩墙组合基础顶部的水平位移仅减小了 0.62mm。由此可以得出：随着桩径增大，桩墙组合基础最大位移迅速减小，随后变化速率减缓。所以，适当增加桩径可以有效地限制桩墙组合基础的水平位移。但是，当桩径达到一定数值时，若继续增加桩径，不仅对桩墙组合基础位移控制的效果不明显，还会增大桩身弯矩。

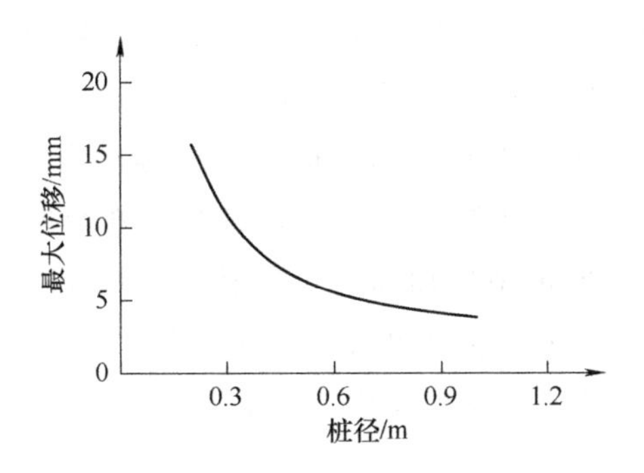

图 2-22 桩墙组合基础顶部侧向变形与桩径的关系曲线

4. 土的性质对桩墙组合基础变形与内力的影响

这里考虑土层的地基反力系数的比例系数 m 对桩墙组合基础侧向变形与内力的影响。m 值越大，相同深度的地基反力系数就越大，土能提供的抗力也就越大，桩墙组合基础的侧向变形就越小。在 m 值影响下桩墙组合基础的侧向变形与弯矩图（图 2-23）中可以看出，随着 m 值的增加，桩墙组合基础的水平位移减小，但是桩墙组合基础的弯矩几乎不变。这是因为，地基反力系数的比例系数的改变会影响桩墙组合基础的响应，但对桩墙组合基础弯矩的影响较小，可见在常见的土层中，地基反力系数的比例系数对组合基础的弯矩几乎无影响。所以，当土质较差时，更应该注意限制桩墙组合基础的侧向变形，而不是增强组合基础本身的强度。

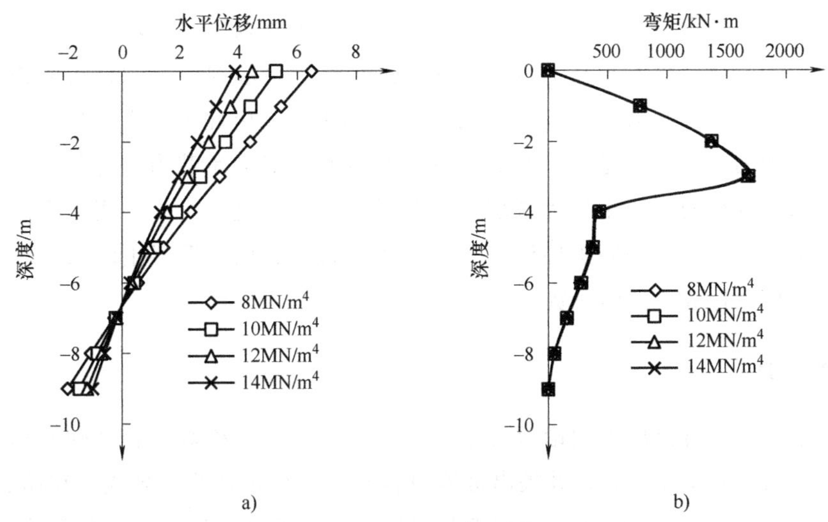

图 2-23 m 值影响下桩墙组合基础的侧向变形与弯矩

a）侧向变形 b）弯矩

由桩墙组合基础顶部侧向变形与 m 值的关系曲线图（图 2-24）可以看出：m 值从 $4MN/m^4$ 增加到 $10MN/m^4$ 后，桩墙组合基础顶部的水平位移减小了 7.2mm，m 值从 $10MN/m^4$ 增加到 $22MN/m^4$ 后，桩墙组合基础顶部的水平位移仅减小了 2.7mm。综上，可以推断出，随着 m 值的不断增加，桩墙组合基础顶部的水平位移迅速减小，当 m 值增加到一定数值后，桩墙组合基础顶部的水平位移变化速度变小。因此，在实际工程中，有时单纯的地基加固，并不能很好地控制桩墙组合基础的变形，应该考虑增加桩墙组合基础的尺寸来限制其位移。

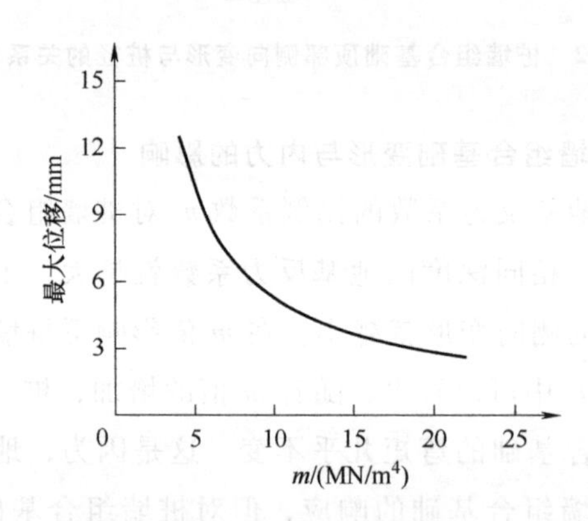

图 2-24　桩墙组合基础顶部侧向变形与 m 值的关系曲线

5. 弹性模量对桩墙组合基础变形与内力的影响

由弹性模量影响下桩墙组合基础的侧向变形与弯矩图（图 2-25）可以看出：四条曲线几乎是重合的，当桩墙组合基础材料的弹性模量逐渐增大时，桩墙组合基础的侧向变形和弯矩几乎没有变化。这说明，桩墙组合基础材料的弹性模量对其承担水平荷载时的侧向变形与弯矩影响不大。由此可以推断出，对于承担水平荷载的桩墙组合基础，在满足桩墙组合基础竖向承载力条件下，应尽量选择低强度等级的混凝土作为桩墙组合基础的材料，这是由于采用高强度等级的混凝土，不仅不能提高桩墙组合基础的水平抗力，而且混凝土的强度也得不到充分利用，造成一定的浪费。

2.3.5　小结

本节依据朗肯土压力理论求解了在水平荷载作用下桩墙组合基础所承受的主动土压力与被动土压力，并提出桩墙组合基础的稳定性验算公式。在墙、桩、土共同作用理论的基础之上，利用编制程序对桩墙组合基础在水平荷载的大小、墙身的宽度、桩径尺寸、土的性质以及混凝土弹性模量等因素影响下的水平位

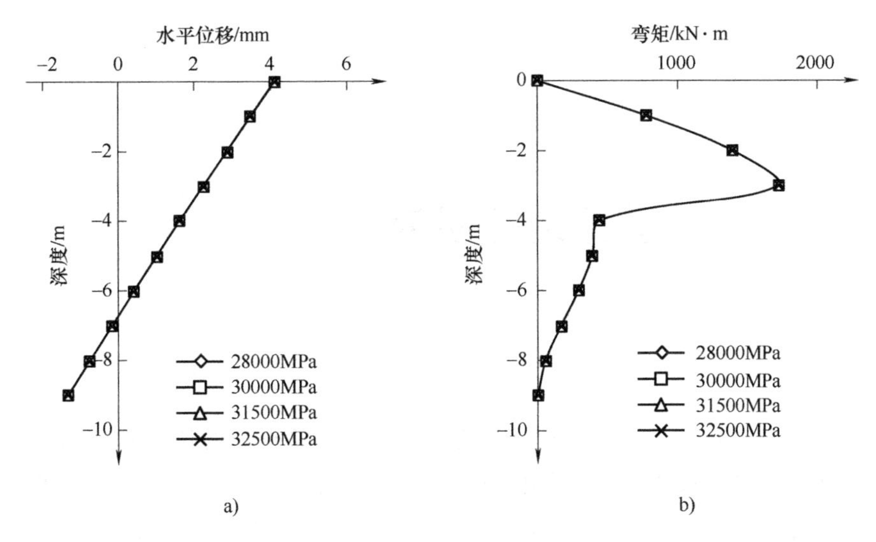

图 2-25 弹性模量影响下桩墙组合基础的侧向变形与弯矩

a）侧向变形 b）弯矩

移以及弯矩进行了初步分析，得出以下结论及建议：

1）桩墙组合基础的最大位移出现在基础顶部，最大弯矩出现在墙与桩的刚接部位。因此在实际工程当中应该特别注意控制桩墙组合基础顶部的侧向变形和桩与地下连续墙刚接部位的强度。

2）墙身宽度的大小和桩径的大小都与桩墙组合基础最大位移成反比，所以增加墙身宽度或桩径可以有效地控制桩墙组合基础的位移。但是当墙身宽度增加到6m或者桩径增加到0.8m后，基础顶部位移趋于定值。减小墙身宽度和增加桩径会使桩身分担到更大的弯矩。所以在设计时，应当选取合适的墙身宽度与桩径，在满足变形要求的情况下尽量减小桩身弯矩。

3）土抗力越大，桩墙组合基础的位移就越小。当 m 值增加到 $10\mathrm{MN/m^4}$ 后，桩墙组合基础的位移减小速率减缓，而土抗力对组合基础弯矩的影响较小。因而，当土质比较复杂时，应更加注重对桩墙组合基础变形的控制。

4）桩墙组合基础材料的弹性模量对桩墙组合基础的位移与弯矩影响不大。所以，中低强度的混凝土即可满足实际需要。

第3章 模型试验研究

室内模型试验是一种发展较早、应用广泛、形象直观的地基基础物理力学特性的研究方法。长期以来，室内模型试验一直是解决复杂工程课题的重要手段，在地基基础及其他岩土工程研究中已得到广泛应用。模型试验的基础是相似理论，即要求模型和原型相似，模型能够反映原型的情况。本章主要介绍了室内模型试验的设计方案，开展了桩墙组合基础的模型试验，定性地研究了桩墙组合基础的受力及变形特点，以及桩墙组合基础与周边土体的作用规律。

3.1 室内模型试验

3.1.1 引言

模型试验通过室内的模型重现与原型相似的物理规律与现象，模型与原型之间应满足相似定律，满足几何相似、力学相似、物理条件相似及初始条件相似。岩土工程的模型试验还有更高的要求，需要满足岩土工程特性相关的特定条件。根据模型相似情况，模型试验可分为定性模型试验和定量模型试验，因为本章试验主要通过模型来判断原型的工作机理，不需要精确计算原型受力，只需要观察新型组合基础的受力规律，因此本章试验主要是定性试验，主要遵循以下相似关系：

1）几何相似：模型与原型在几何上成比例，结合实验室的模型箱及加载设备等条件，模型试验的几何相似系数取10。

2）力学相似：设计堆载下的模型试验与原型在力学上受力相似，作用力的方向一致，力的大小成比例。

3）物理条件相似：试验采用的模型试验材料应与原型在物理参数上相似，试验采用的桩、墙材料不一致，弹性模量不一致，可以通过最后的模量比例换算来达到物理条件的相似。

3.1.2　模型箱

室内模型试验的模型箱采用长×宽×高为 1100mm×900mm×1200mm 的尺寸，如图 3-1 所示。模型箱正面采用强度足够大的钢化玻璃，可以观测试验土体与模型的变形情况并拍照分析（图 3-2a、b），其他几面使用钢板保证强度与刚度，由角钢拼接与加固（图 3-2c、d）；模型箱一侧采用上部开放下部封闭的设计，开放部分方便千斤顶的架设（图 3-2e、f）。钢板厚度为 10mm，钢化玻璃厚度为 19mm，表面光滑，防止试验边界效应过大，并可作为后期试验拍摄面。反力架由 12 根 100mm×68mm×4.5mm 工字钢构成，之间使用螺栓连接。经验算，在加载过程中，模型箱及反力架的刚度及强度均满足试验要求。

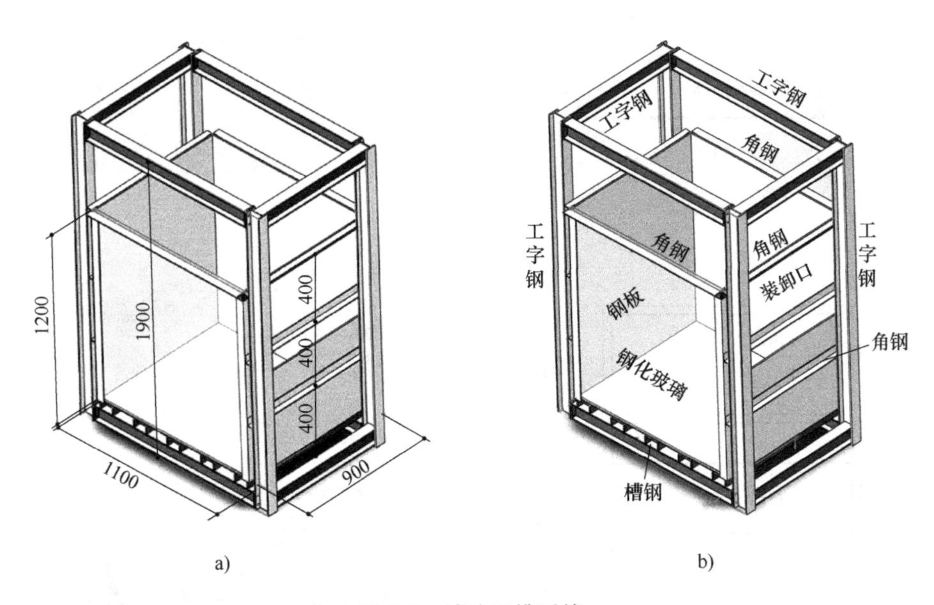

图 3-1　试验用模型箱

a）模型箱尺寸图　b）模型箱材料组成

3.1.3　模型材料

1. 试验用模型土

模型土采用福建厦门标准砂，模型试验前先对模型土进行基本的材料试验。

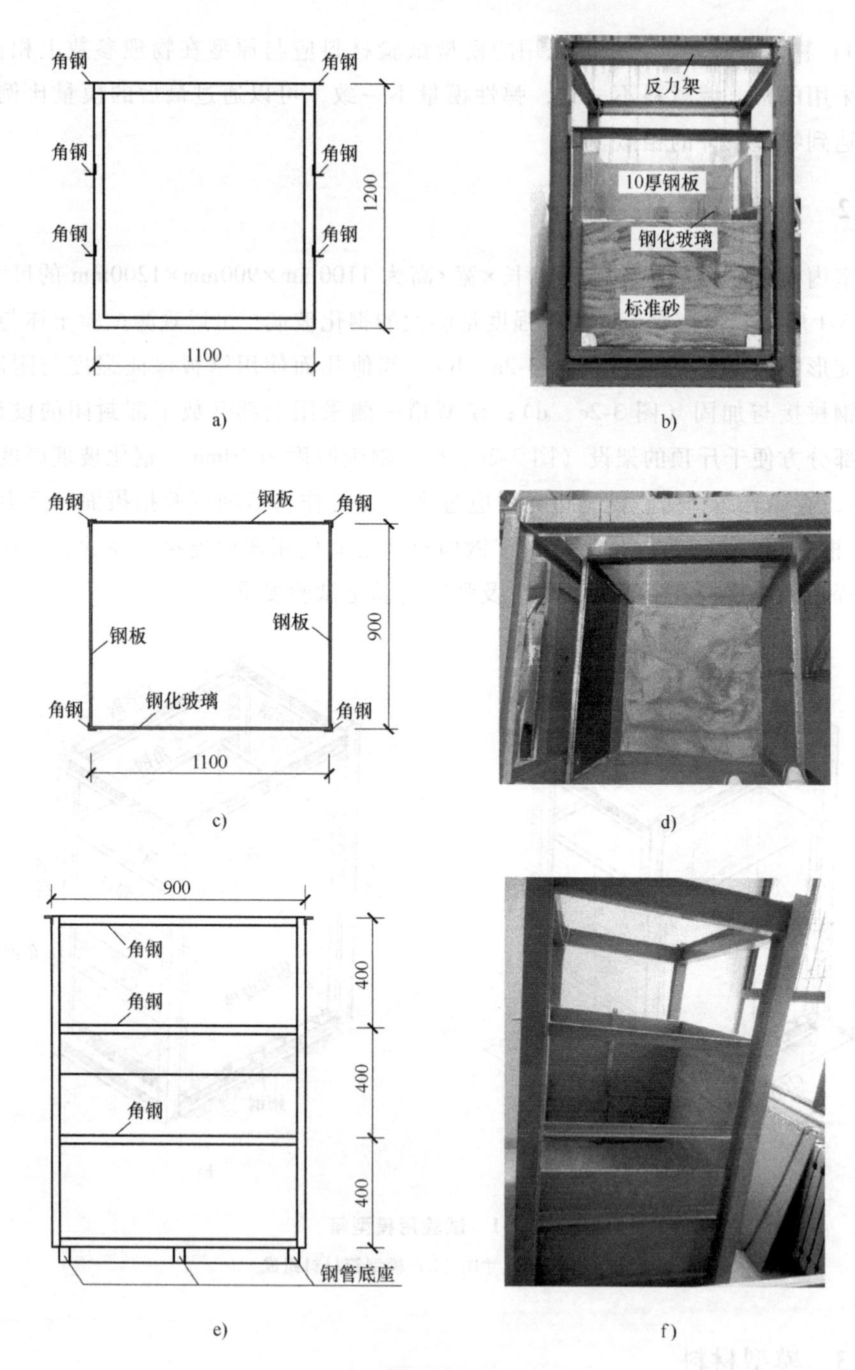

图 3-2 模型箱结构示意图

a）正立面示意图 b）正立面实物图 c）平面示意图 d）平面实物图

e）右侧立面示意图 f）右侧立面实物图

（1）颗粒级配试验　称取 3 份试样，采用摇筛机摇筛 10min，称取每一层筛的分级筛余并记录，计算分级筛余与累计筛余，然后通过式（3-1）和式（3-2）计算砂样的不均系数 C_u 与曲率系数 C_c，可得到砂样的级配曲线（图 3-3）。

$$C_u = d_{60}/d_{10} \tag{3-1}$$

$$C_c = d_{30}^2/(d_{10}d_{60}) \tag{3-2}$$

式中　d_{60}——过筛质量占 60%的粒径；

d_{10}——过筛质量占 10%的粒径；

d_{30}——过筛质量占 30%的粒径。

a)

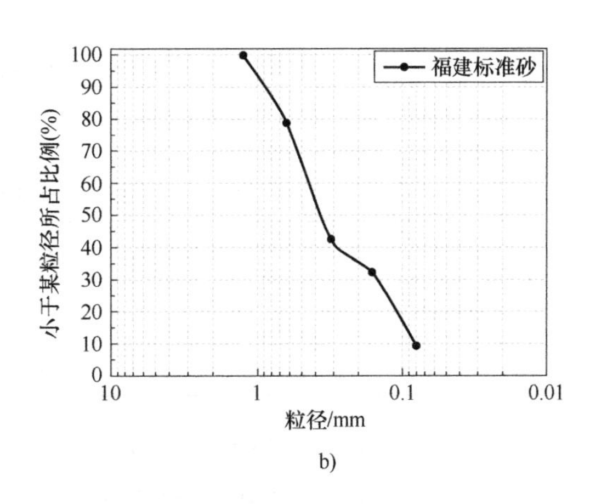

b)

图 3-3　标准砂级配试验

a）摇筛机摇筛　b）某一组试验粒径累计曲线

3 组试样的试验结果见表 3-1，对结果取平均值，得到试验用砂的不均系数为 5.47，曲率系数为 0.66。

表 3-1　测得砂样参数表

试验测得参数	试样 1	试样 2	试样 3	平均值
C_u	5.42	5.49	5.49	5.47
C_c	0.60	0.69	0.69	0.66

（2）击实试验　称取 3 份砂样，采用 JDM-2 型自动电动相对密度仪测量砂样的最大干密度，最小干密度则采用量筒法进行测量，如图 3-4 所示。

测量出的 3 组砂样最大干密度、最小干密度见表 3-2，3 组数据取平均值，最终测得砂样的最大干密度为 1.94g/cm³，最小干密度为 1.58g/cm³。

a)

b)

图 3-4 标准砂级配击实试验

a）填装击实筒 b）击实仪击实

表 3-2 测得砂样密度表

项目名称	试样 1	试样 2	试样 3	平均值
最小干密度/(g/cm^3)	1.56	1.61	1.57	1.58
最大干密度/(g/cm^3)	1.93	1.94	1.95	1.94

（3）直剪试验　称取 4 份试样，使用电动直剪仪，分别在 50kPa、100kPa、150kPa、200kPa、250kPa、300kPa 作用下，通过水平剪切力的施加对试验土样进行剪切，如图 3-5 所示。采用式（3-3）计算各个试样抗剪强度 τ_f。通过横坐标为垂直压力 σ_n（kPa），纵坐标为抗剪强度 τ_f（kPa）的 τ_f-σ_n 关系曲线，求得内黏聚力和内摩擦角。

a)

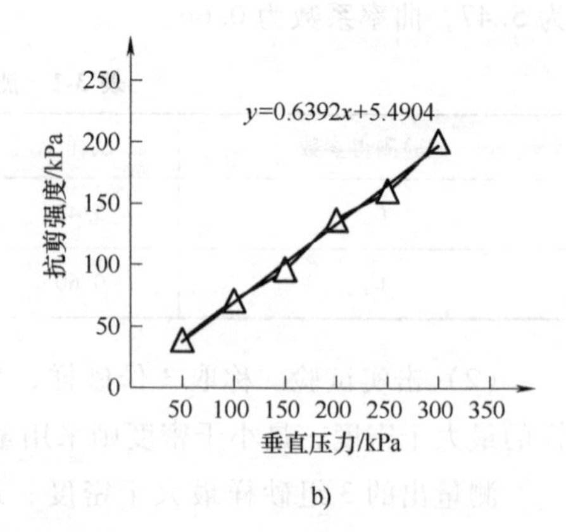

b)

图 3-5 标准砂直剪试验

a）直剪仪直剪试验 b）某一组试样直剪试验曲线

$$\tau_f = aR \tag{3-3}$$

式中　a——实验室测力计校准后提供的率定系数（N/0.01mm）；

R——直剪仪测量水平位移的百分表读数，最小值为 0.01mm，在试验时各级压力下读数取最大值。

对 4 组试样数据进行拟合后，取平均值求得标准砂的内摩擦角为 40.47°，内黏聚力为 0。

2. 试验用模型材料

（1）地下连续墙试验材料　地下连续墙拟采用 PVC 板材进行模拟，板材厚 7.7mm。试验前先对板材进行弹性模量测试，测试方法采用万能试验机拉伸的方法测量。将板材切割成长×宽为 40cm×5cm 的 3 个拉伸试样，使用万能试验机对 3 个模型试样分别进行拉伸试验（图 3-6a），根据破坏前拉伸曲线中线性部分

a)

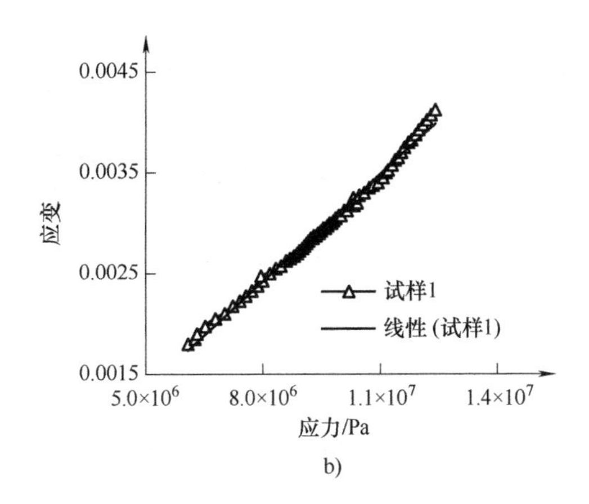

b)

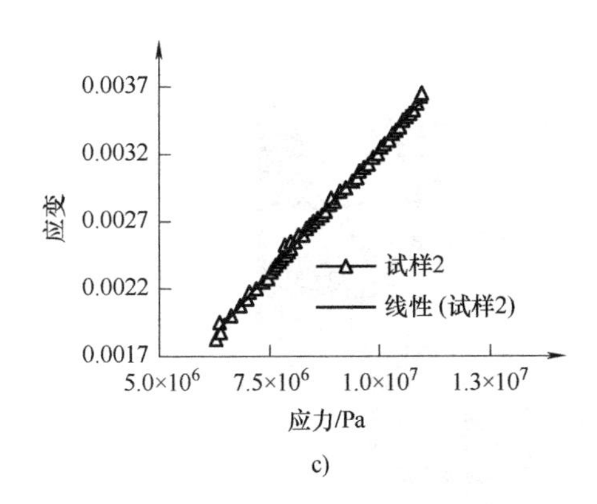

c)

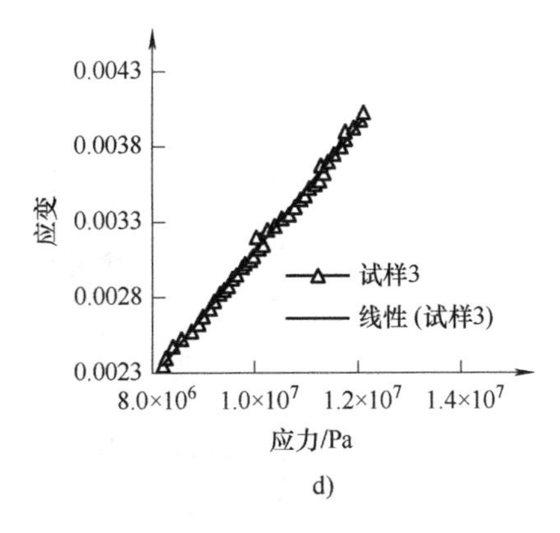

d)

图 3-6　PVC 板材弹性模量测试

a）板材拉伸试验　b）试样 1 的应力-应变曲线　c）试样 2 的应力-应变曲线　d）试样 3 的应力-应变曲线

求得材料弹性模量。

根据应力-应变曲线（图 3-6b、c、d），求得试样 1 的弹性模量为 3.22×10^9Pa、试样 2 的弹性模量为 3.16×10^9Pa、试样 3 的弹性模量为 3.21×10^9Pa，3 组试样取平均值为 3.2×10^9Pa。

（2）模型桩材料　室内模型试验中桩体的选材要综合考虑其与周围土体的刚度差异以及试验的可操作性。以往大量的桩基试验中较多采用 PVC 管、铝管或人造树脂等材料。经过多次预先的材料测试试验，模型桩体选用直径 25mm、壁厚 3.5mm 的 PP-R 管材（图 3-7），墙体模型材料如图 3-8 所示。

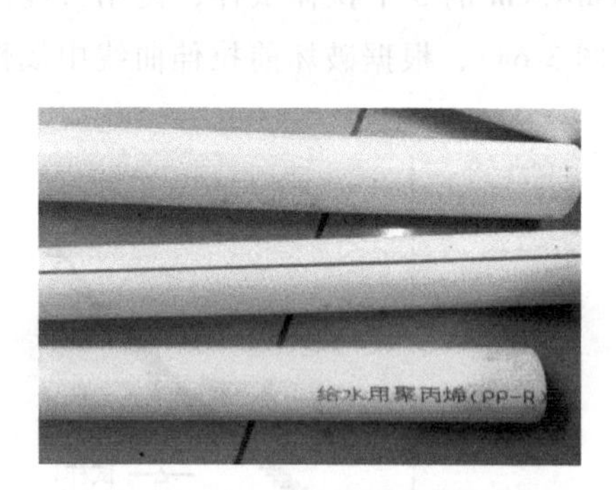

图 3-7　模型桩材料

图 3-8　墙体模型材料

对于材料弹性模量的测量，采用悬挂重物的方式（图 3-9）测得，首先按照测点布置将应变片粘贴在试验材料上，然后在管材下端逐级悬挂砝码并记录应变片数据。经砝码的质量和管材的截面尺寸求得相应的应力，由应力-应变曲线确定模型桩的弹性模量为 1.04GPa。

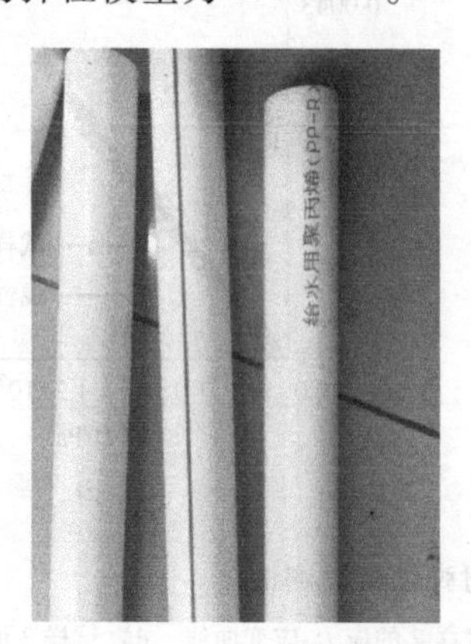

图 3-9　管材弹性模量试验

3.1.4　测试系统

模型试验测试系统是模型试验十分重要的一部分。该模型试验需要测试的内容包括在水平荷载作用下桩墙组合基础顶部位移、墙身弯矩变化、桩身受力特性三个部分。所用到的采集设备包括：用于测量位移的百分表，百分表的量程为 100mm；用于测量应变的应变片；用于测量前后侧墙体的土压力的土压力盒；用于采集模型试验应力、应变数据的 DH3816N 静态应变测试分析系统。

（1）位移测量　采用百分表进行墙体的水平位移、竖向位移的测量，百分表的安装要注意测量表针垂直于模型，同时通过磁力架牢靠地固定在邻近模型箱或反力架上，如图 3-10 所示。

（2）应变测量　墙身应变片采用半桥桥路，板材正反两面相同位置处同时粘贴。为得到桩墙连接处的弯矩，同时考虑粘贴应变片的可操作性，第一个桩身应变片的设计位置距离墙体底部 50mm，然后每隔 150mm 设置一个，最后一个桩身应变片的位置距离桩体底部 100mm，如图 3-11 所示。桩的应变片位置如图 3-12 所示。

图 3-10　位移测量百分表

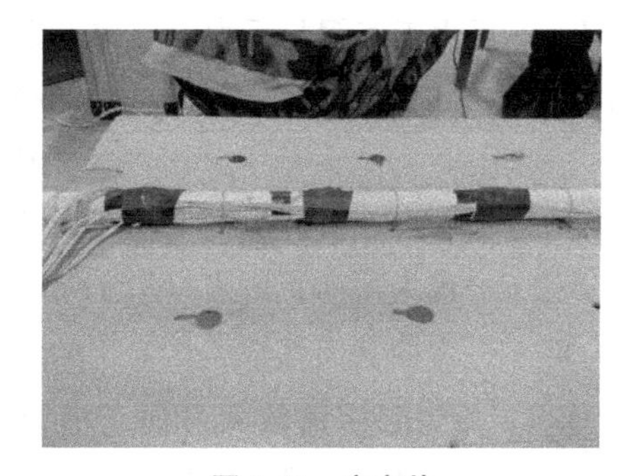

图 3-11　应变片

（3）土压力测量　采用微型土压力盒（图 3-13）测量开挖过程中承压板下和托换桩后的土压力变化。该试验主要研究在开挖过程中的土压力变化，故土压力盒是在加载稳定后连接静态应变采集仪，并将应变初始值设置为零。

3.1.5　加载系统

加载设备采用 10t 千斤顶。为保证堆载面积上加载力均匀，千斤顶下钢板采用 2cm 厚的钢板，加载用的反梁采用 100mm×68mm×4.5mm 的工字钢，为保证加载试验的安全，需要依据 GB 50017—2017《钢结构设计标准》验算工字钢反梁的抗弯强度及抗剪强度是否满足加载要求。

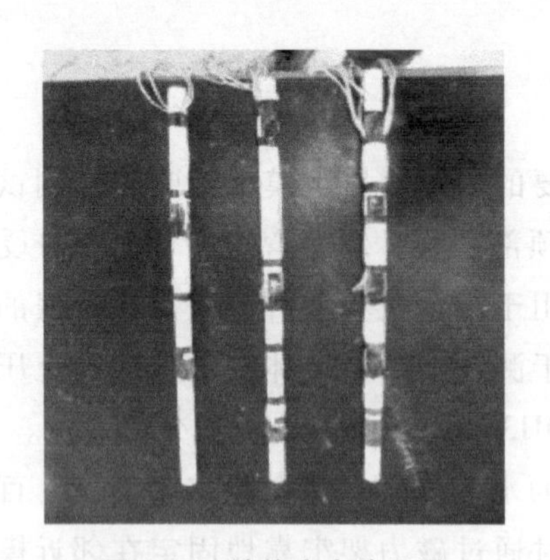

图 3-12　桩的应变片位置

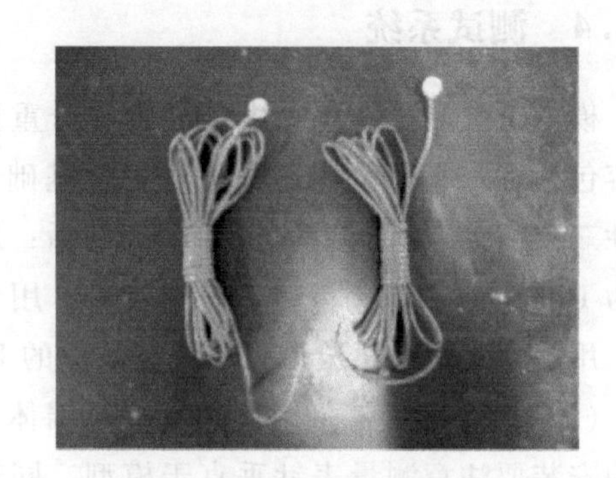

图 3-13　微型土压力盒

1. 抗弯强度验算

假设工字钢两端简支，则工字钢最大弯矩 $M_{\max}$ 在中点处，计算公式为

$$M_{\max}=\frac{1}{4}PL \tag{3-4}$$

式中　P——千斤顶集中力，这里取加载最大值 45kN；

L——反力工字钢与反力架支撑点之间的距离，取为 0.9m。

计算得反力工字钢最大弯矩为 10.125kN · m。则工字钢的最大弯曲正应力为

$$\sigma_{\max}=\frac{M_{\max}}{W_x} \tag{3-5}$$

式中　$\sigma_{\max}$——最大弯曲正应力（kPa）；

W_x——弯曲截面系数，试验用的工字钢为 $4.9\times10^{-5}\mathrm{m}^3$。

计算得试验中工字钢最大弯曲正应力 $\sigma_{\max}$ 为 206.6MPa，小于试验用 Q235 钢的抗弯强度 215MPa，满足抗弯强度要求。

2. 抗剪强度验算

根据材料力学知识，工字钢的弯曲剪应力计算公式为

$$\tau_{\max}=\frac{VS_x}{I_x t_w} \tag{3-6}$$

式中　$\tau_{\max}$——截面弯曲剪应力；

V——工字钢最大剪力，试验中产生的最大剪力设计值为 $V=P/2=22.5\mathrm{kN}$；

S_x——面积矩，取为 $2.82\times10^{-5}\mathrm{m}^3$；

I_x——工字钢毛截面惯性矩，这里取 $2.45\times10^{-6}\mathrm{m}^4$；

t_w——工字钢腹板厚度，这里取 $6.5\times10^{-3}\mathrm{m}$。

计算得最大弯曲剪应力为 39.84MPa，小于 Q235 钢的抗剪强度 125MPa，满足抗剪强度要求。

反梁（图 3-14）的固定方法为：采用直径 7mm 的长螺杆及螺母固定在反力架底部，在施加堆载的过程中螺杆不受力，只是起固定作用，千斤顶（图 3-15）的反力直接通过反梁的两端传递到反力架上，从而保证加载的安全性。

图 3-14　加载用钢板及反梁

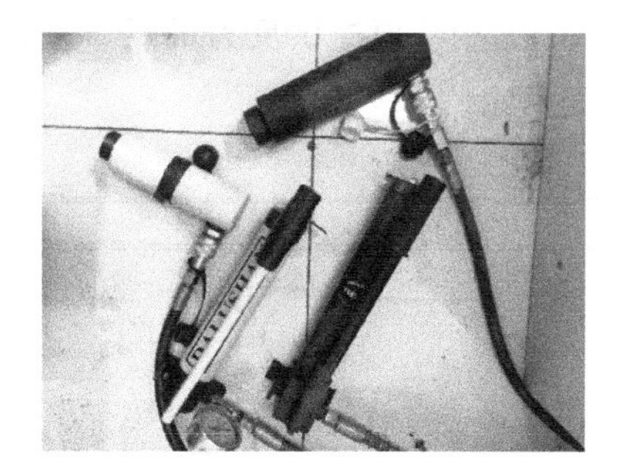

图 3-15　加载用 10t 千斤顶

（1）水平加载　加载装置使用 10 号工字钢、10t 的千斤顶与压力传感器进行加载，为千斤顶提供反力的反梁采用对拉螺栓及钢板固定在反力架一侧，如图 3-16 所示。

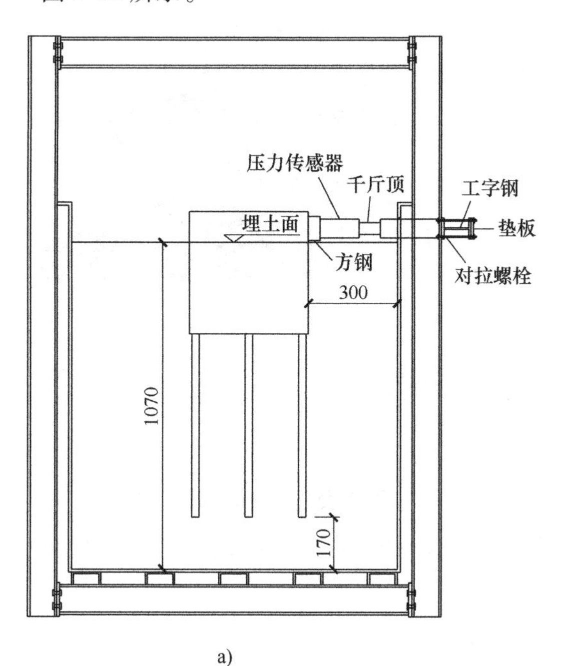

a)

b)

图 3-16　模型试验水平加载

a）试验示意图　b）实际试验图

加载方案参考诸多加载方法，结合现有的加载设备，采用了单循环连续加载法，每级荷载 0.5kN，每 15min 读取一次数据，当位移百分表前后两次读数的差不超过 0.01mm 时，施加下一级荷载。当 180min 时百分表读数仍未稳定或者模型出现明显倾斜破坏时，加载结束。

（2）竖向加载　加载装置使用 10 号工字钢、10t 的千斤顶与压力传感器进行加载，为千斤顶提供反力的反梁使用对拉螺栓及钢板固定在反力架上侧，如图 3-17 所示。

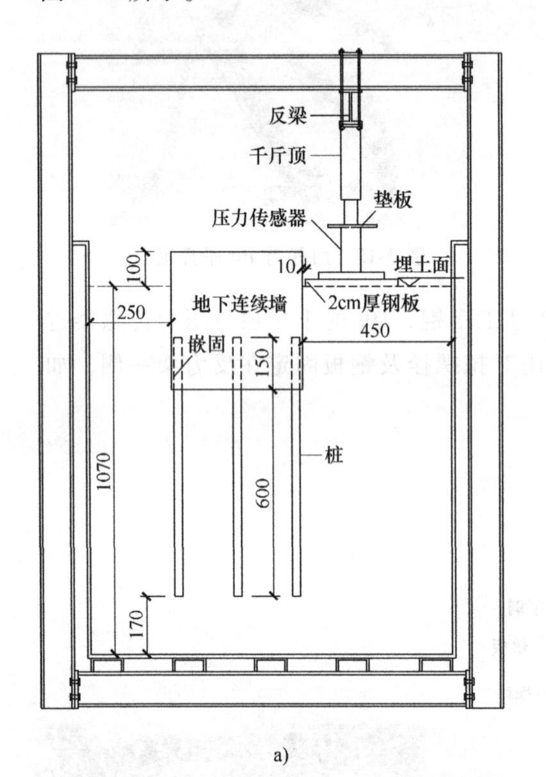

a)

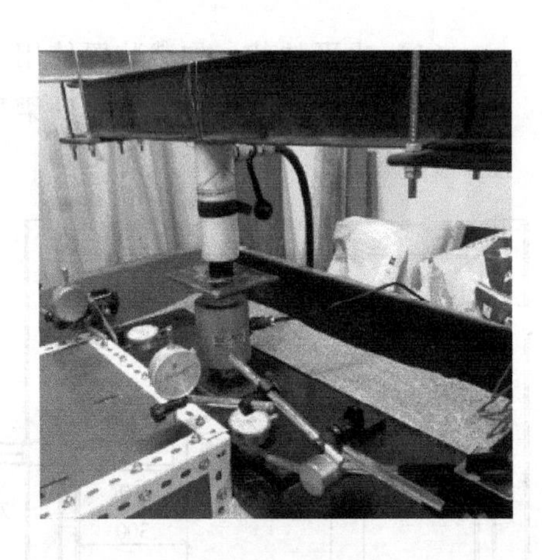
b)

图 3-17　模型试验竖向加载

a）试验示意图　b）实际试验图

加载采用单循环持续加载，每级荷载 10kPa，百分表每 15min 读一次数，应变仪每 5min 采集一次数据。各点布置的百分表相邻两次读数之差小于 0.01mm 时可判定该级荷载稳定，然后进行下一级荷载加载。

3.1.6　图像监测

采用数码相机记录开挖过程中砂土的位移场变化，如图 3-18 和图 3-19 所示。该试验采用的是佳能 EOS 6D 单反数码相机，使用此相机拍摄的砂颗粒图像清晰，满足图像处理软件 Photoinfor 的要求。在图像采集过程中采用中山市特斯拉探照灯，并将实验室进行隔光处理，保证在整个试验周期光源的稳定性。在相机的设定上，对相机的焦距和光圈大小以及曝光时间做了统一规定，保证每一张图片的相对位置和图像范围的稳定及图片效果的稳定。同时在图像保存上采用 CR2 格式保存图片文件，以防止图片被相机修饰或渲染。

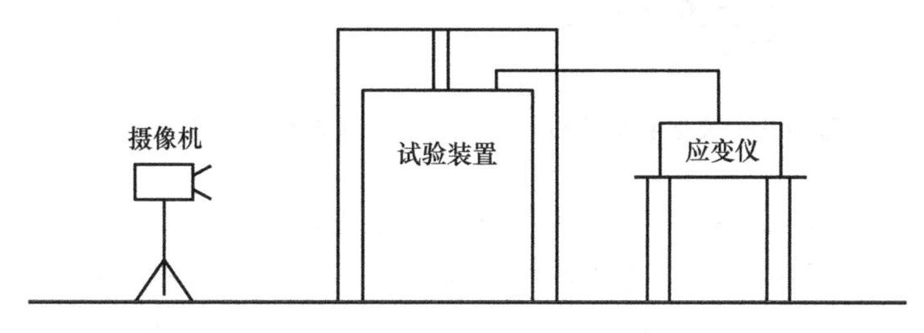

图 3-18　图像监测示意图

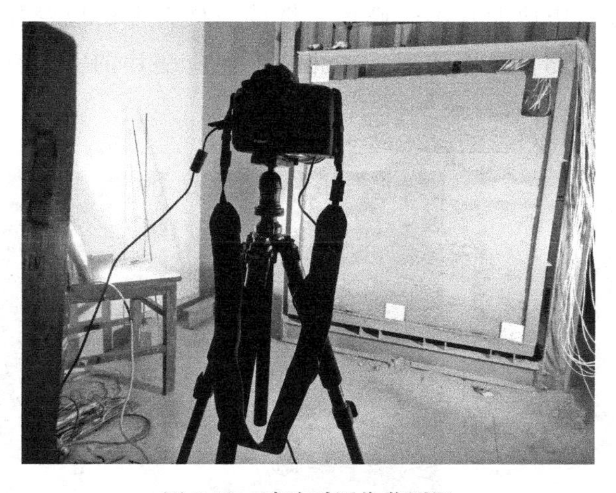

图 3-19　试验时图像监测图

3.1.7　试验基本流程

（1）板材及管材切割　将地下连续墙、模型桩材料按照试验方案尺寸进行画线（图 3-20），将用来进行基础组合的孔洞预先钻出来（图 3-21），并进行组装检查，以防试验进行中由于位置错误导致整个试验失败。材料处理完成后用砂纸将材料表面打磨干净，同时用酒精进行清洗，防止后续应变片粘贴不牢固脱落而造成数据丢失。

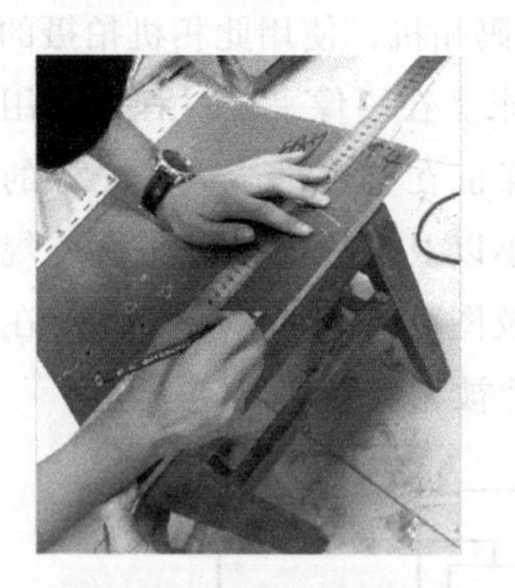

图 3-20 模型测量画线

图 3-21 模型打孔

（2）粘贴试验应变片　试验前先用记号笔在地下连续墙、桩体上标记好应变测点位置；然后用锉刀将材料表面打磨平整，再用酒精擦拭表面的灰尘；之后用胶黏剂将应变片粘贴在标记位置；等胶水风干后，检查应变片是否端正，然后将其与配套端子焊接到一起，完成后用万能表测试线路是否接通；最后为了保证试验过程中应变片不受破坏，将试验材料上的应变片用胶黏剂覆盖住，再次用万能表测量是否接通，以此来确保应变片的完整良好，如图 3-22 所示。

a)

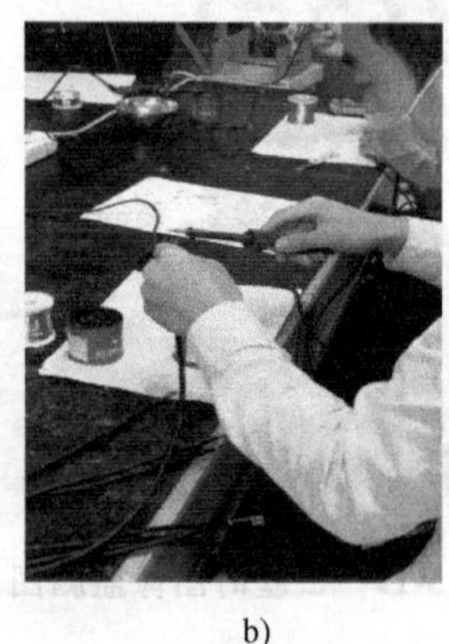

b)

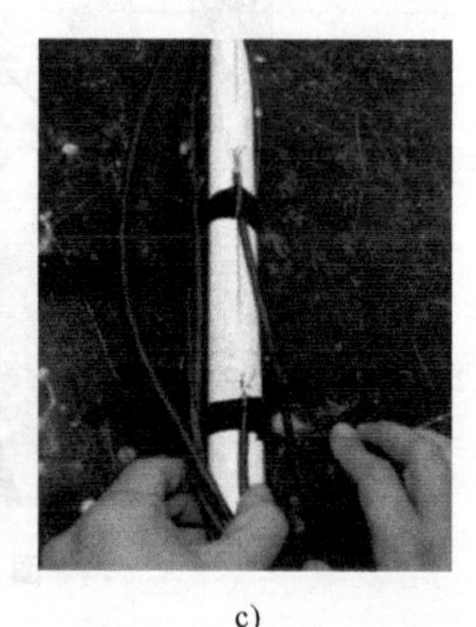

c)

图 3-22 粘贴应变片的过程

a）粘贴应变片　b）焊接端子　c）涂抹胶黏剂

（3）试验模型组装　将粘贴好的板材及管材进行组装，为保证模型的整体性，各片板材用厚角钢与螺栓进行连接，如图 3-23 所示。

组装时尤其注意桩墙的连接处一定要牢固。角部的桩采用在墙上打孔穿过粗钢丝固定，墙身中间部位的桩采用 U 型锚与墙身固定（图 3-24），同时组装时采用直角角钢放置在模型内部，从而保证两片墙体夹角呈直角。由于模型内部也需要填埋土体，故顶盖不能同时组装，需要填埋土体完成后另行组装模型的顶盖，顶盖的安装需要提前将螺钉用胶带粘贴在顶盖及与其连接的模型墙体上，然后卡上角钢，再拧紧螺母。

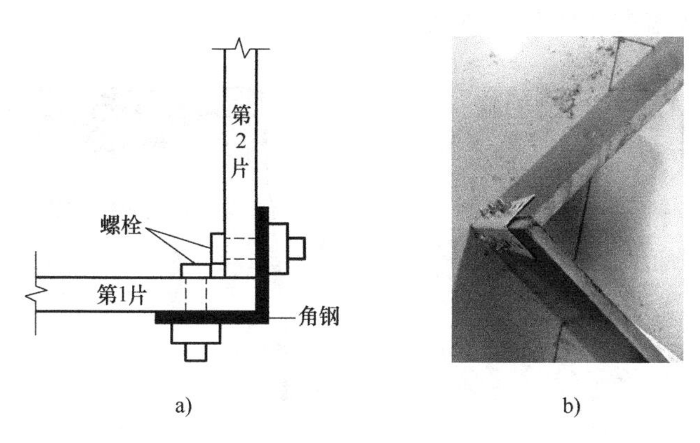

a) b)

图 3-23 地下连续墙板材连接

a）角部连接示意图 b）角部连接图

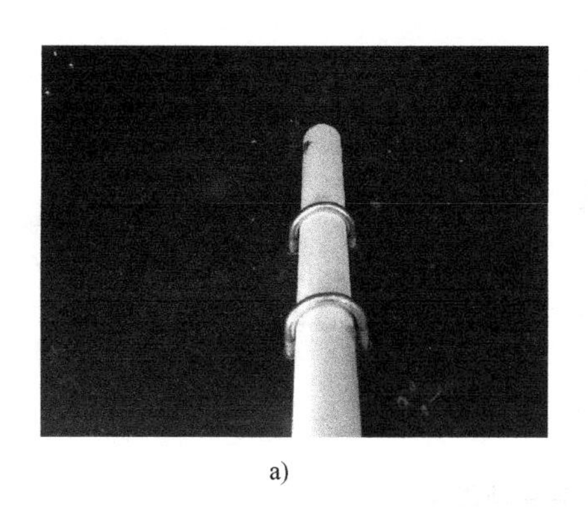

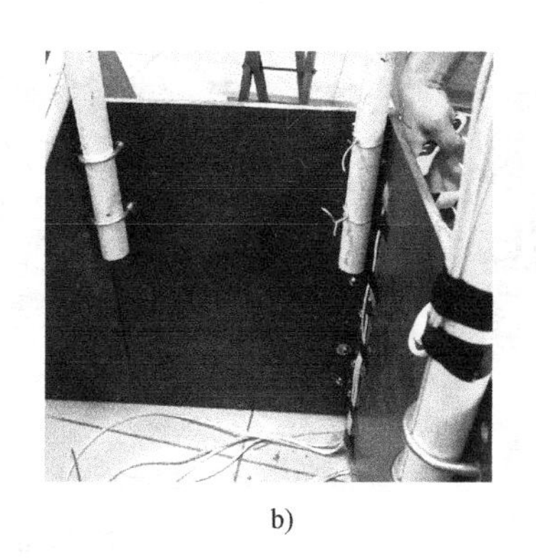

a) b)

图 3-24 桩墙节点连接

a）中部桩连接图 b）角部桩连接图

（4）固定模型与土体填埋 填埋前先将模型固定在模型箱设计位置（图 3-25a），为此设计制作了固定模型的木支架，该支架比绳索垂直悬吊模型法更加稳定、更加精确，同时木制的支架较钢管支架更为牢固，与模型的摩擦力大，模型更容易固定。

填埋土体前将模拟桩体用的管材上下端采用硬木塞锥封住。分层填埋土体（图 3-25b），采用落砂法与锤击法相结合，确保每次所填砂土密实度一致，同时填埋的过程中要注意避免扰动模型及支架，填埋到土压力盒设计位置时进行土压力盒安装，最后填埋土体至设计位置时撤掉模型下的木支架。为方便后期木支架的拆除及避免拆除木支架时对模型的扰动，设计一对三角锥木楔垫在支撑模型的木条底部，拆除支架时，只需将木楔拿掉木支架便能较容易地从模型底部抽掉。模型顶盖安装如图 3-26 所示。

a)

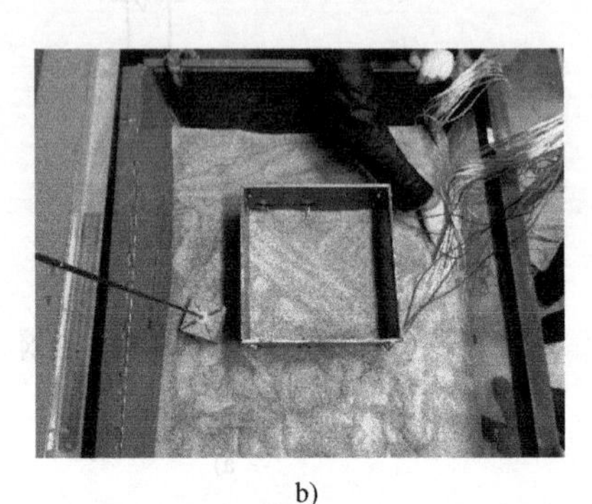
b)

图 3-25　固定模型与土体填埋

a）模型固定　b）填埋土体

图 3-26　模型顶盖安装

（5）安装加载设备及百分表，连接测量线材　整平表面土体，安放堆载用的钢板，加载用 2cm 厚的钢板，尺寸为 80cm×28cm×2cm，为防止千斤顶对钢板产生较大的局部集中力，在大钢板上再加垫一块尺寸为 50cm×20cm×2cm 的小钢板，安装千斤顶与压力传感器时要保证两者轴心线重合，使加载力沿轴心传递，保证加载安全。百分表的布置按照试验方案进行安设（图 3-27），共 8 个百分表，前后墙各两个百分表，桩墙组合基础顶部的四个角各安设一个百分表。将土压力盒测试线材与应变片测试线材按照顺序连接到应变采集仪，对初始数据平衡清零，记录百分表的初始读数。

图 3-27　百分表位置实物图

（6）试验加载　试验采用慢速维持加载方式，按照 3.1.5 节中加载方案进行试验加载，如图 3-28 所示。本章所有试验均在此基础上完成。

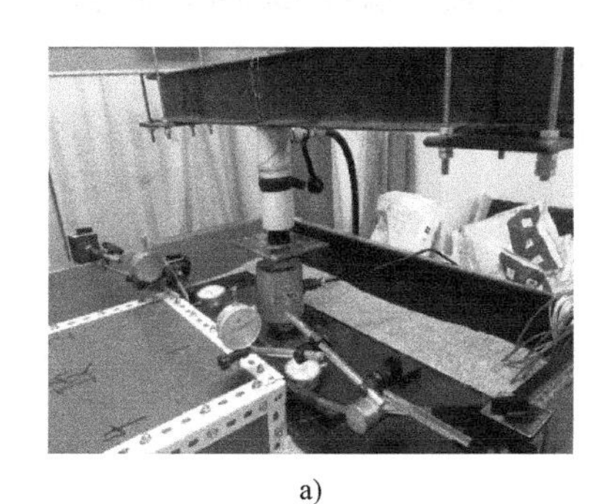

a)

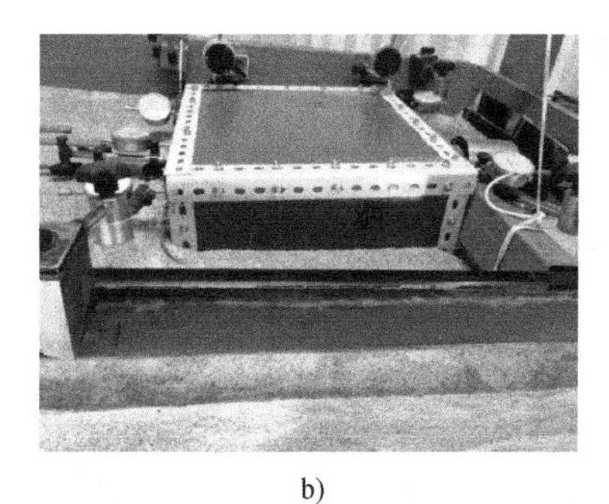

b)

图 3-28　部分试验加载照片

a）堆载试验图　b）水平加载试验图

3.2 堆载下桩墙组合基础的模型试验研究

3.2.1　模型试验概况

试验共分为 4 种情况，具体尺寸见表 3-3，其中，模型尺寸的影响可以通过方案 1 与方案 2 对比进行分析研究，组合基础与传统群桩基础的受力及变形情况可以通过方案 2、方案 3 进行对比研究，组合基础上部荷载对组合基础水平承载力的影响可以通过方案 2 与方案 4 进行对比分析。

表 3-3　试验方案尺寸表

方案	名称	连续墙（承台）尺寸（长/mm）×（宽/mm）	高度/mm	桩长/mm	桩数	基础上部有无荷载
1	大尺寸组合基础模型	400×400	400	750	6	无
2	小尺寸组合基础模型	250×250	250	650	4	无
3	群桩基础模型	250×250	15.5（承台高）	750	4	无
4	上部有荷载时组合基础模型	250×250	250	650	4	有

1. 大尺寸桩墙组合基础模型试验

（1）模型尺寸与位置　地下连续墙的模型长×宽设计为 400mm×400mm，壁厚为 7.7mm，模型总高 1000mm，墙体高 400mm，外露 100mm，埋入土体 300mm，如图 3-29 所示，共采用 6 根桩，桩长 750mm，其中嵌固墙身 150mm。桩底距离模型箱底 170mm，组合模型后部距模型箱边 250mm，共进行了两次大尺寸模型试验，另外一次大尺寸模型试验在模型箱内整体向右移动了 150mm，其他尺寸不变。

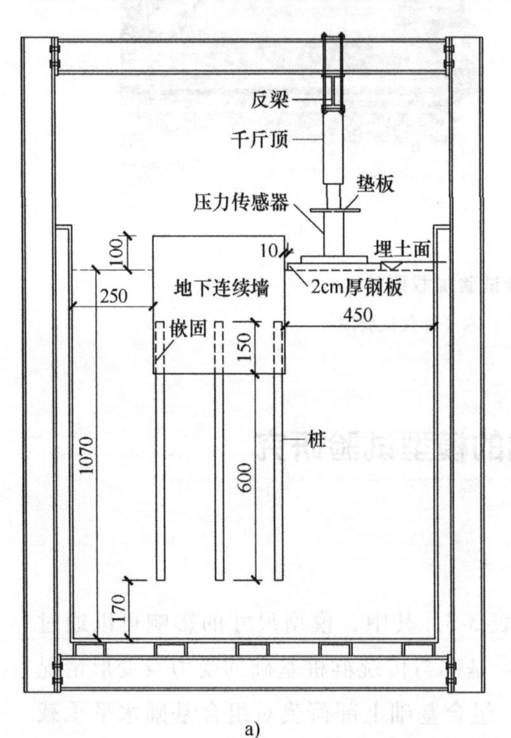

a）

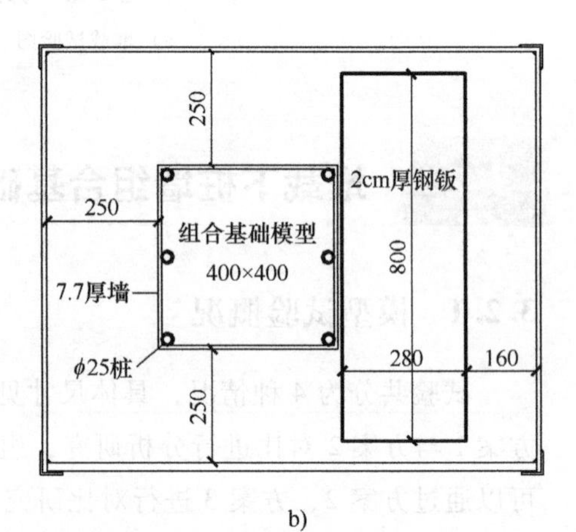

b）

图 3-29　大尺寸组合基础尺寸

a）组合基础立面图　b）组合基础平面图

（2）应变片与土压力盒位置布置　墙身应变片设计位置如图 3-30 所示，共设置两排，每排 4 个，采用半桥桥路，板材正反两面相同位置处同时粘贴。第一个应变片位置点在埋土面，第二、三个应变片分别距离埋土面以下 50mm、150mm，最后一个应变片位置距离墙底 50mm。

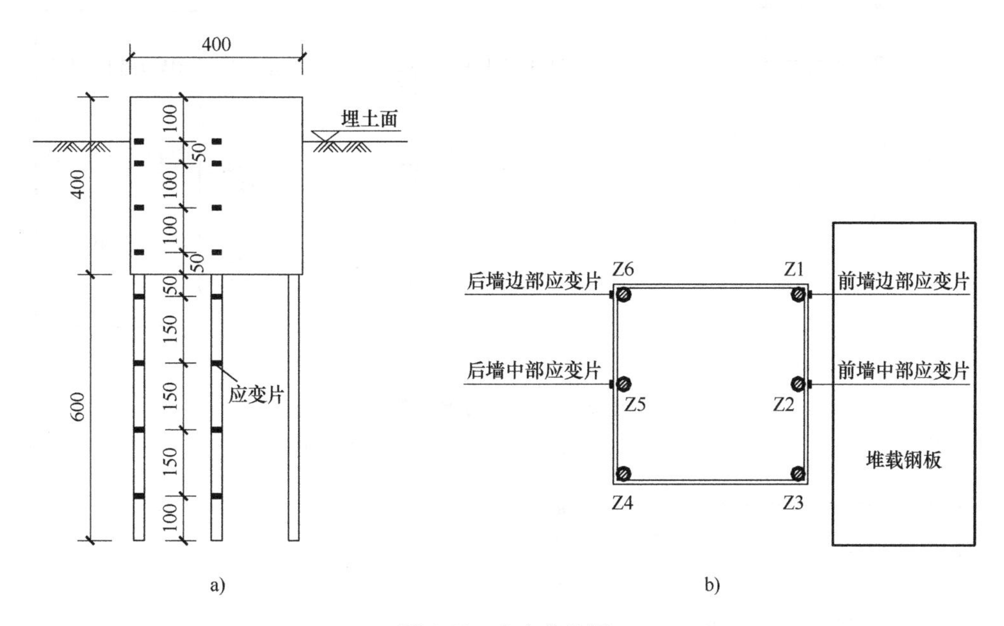

图 3-30　应变片位置

a）应变片位置立面图　b）应变片平面图

模型共 6 根桩，其中粘贴应变片的桩有 4 根，为粘贴应变片的墙身下方的 Z1、Z2、Z5、Z6 粘贴桩身应变片。为得到桩墙连接处的弯矩，同时考虑粘贴应变片的可操作性，第一个桩身应变片的设计位置距离墙体底部 50mm，然后每隔 150mm 设置一个，最后一个桩身应变片的位置距离桩体底部 100mm。

土压力盒的位置如图 3-31 所示，共两排，第一个土压力盒位置在埋土面以下 50mm，然后每隔 125mm 布置一个，最后一个土压力盒位置在墙底位置。

（3）百分表位置布置　如图 3-32 所示，共在模型周围设置 8 个百分表，表 1、表 8 测量模型近加载侧（以下简称为前墙）的水平位移，表 2、表 7 测量前墙的竖向位移，表 4、表 5 测量模型远加载侧（简称为后墙）的水平位移，表 3、表 6 测量模型后墙的竖向位移，百分表的安装要注意测量表针垂直于模型，同时固定牢靠。

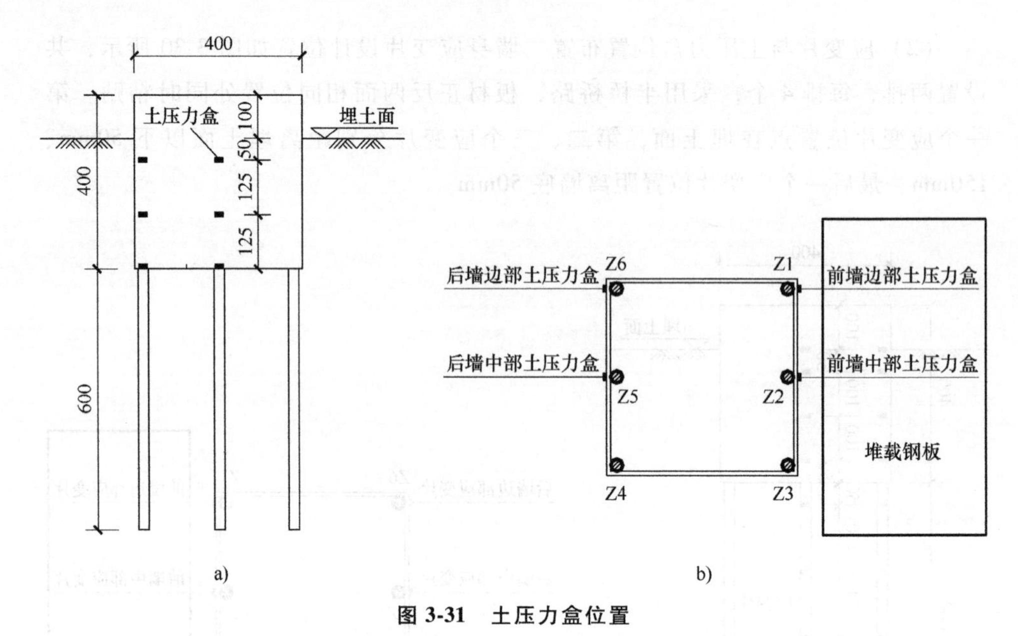

图 3-31　土压力盒位置

a）土压力盒位置立面图　b）土压力盒位置平面图

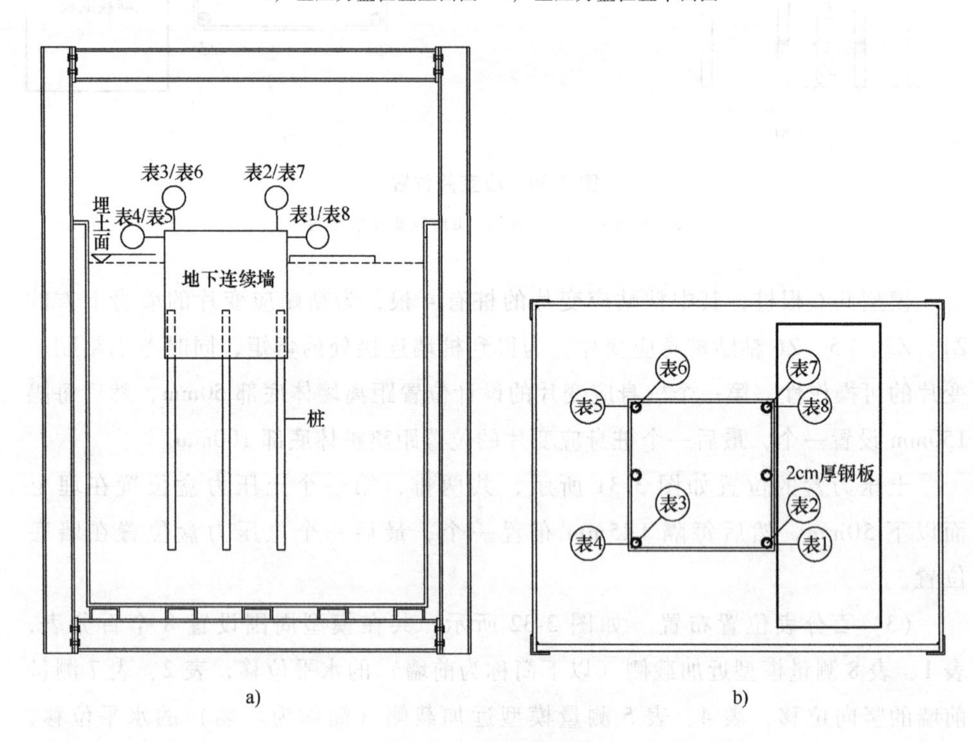

图 3-32　百分表位置

a）百分表位置立面图　b）百分表位置平面图

2. 小尺寸桩墙组合基础模型试验

（1）模型尺寸与位置 为方便对比，研究组合基础受力变形规律，同时制作了小尺寸的组合基础模型，如图 3-33 所示。小尺寸模型采用 4 根桩，地下连续墙的模型长×宽设计为 250mm×250mm，壁厚为 7.7mm，模型总高 800mm，墙体高 250mm，埋入土体 250mm。桩长 650mm，其中嵌固墙身 100mm。桩底距离模型箱底 270mm。组合模型后部距模型箱边 400mm，加载钢板采用厚度 2cm、长×宽为 50cm×20cm 的钢板，上面加垫一块厚度 2cm、长×宽为 25cm×16cm 的小钢板。

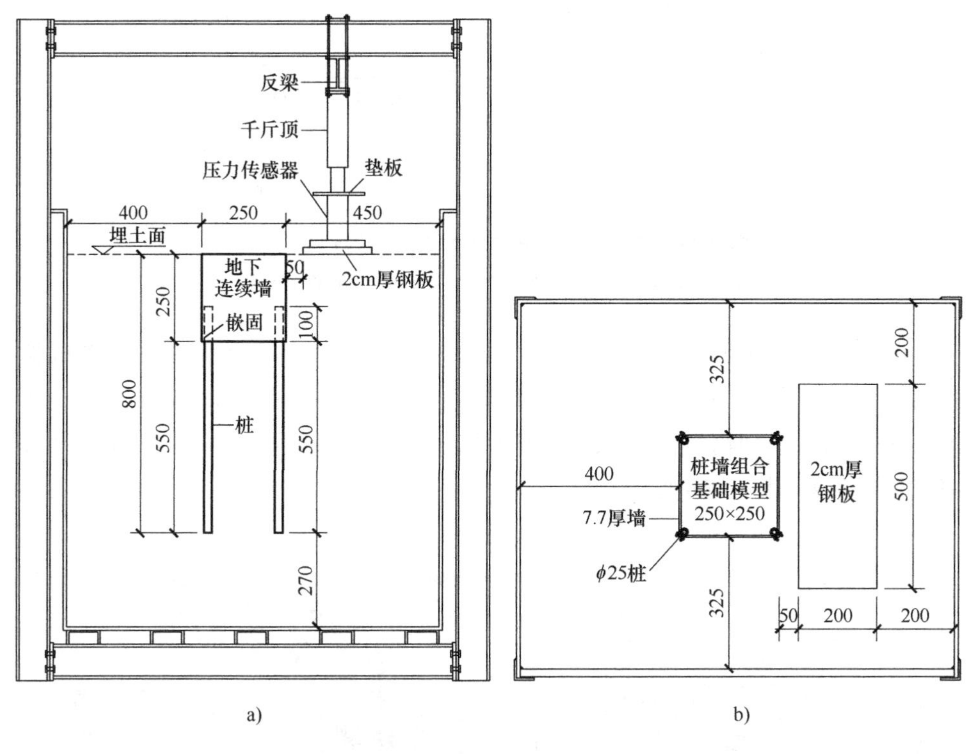

图 3-33 小尺寸桩墙组合基础尺寸

a）桩墙组合基础立面图 b）桩墙组合基础平面图

（2）应变片与土压力盒位置布置 不同于大尺寸的桩墙组合基础模型试验，小尺寸桩墙组合基础模型由于尺寸较小，试验模型全部埋入地下，墙上应变片从顶部开始每 50mm 一个，最后一个应变片位置距离墙底 50mm，如图 3-34 所示。桩上应变片从墙底 50mm 处开始，向下每隔 100mm 布置一个，仍为半桥测试，应变片正反两面粘贴，同时为避免应变片损坏影响数据的分析，4 根桩在相同的位置全部粘贴应变片。土压力盒埋置类同大尺寸组合基础模型，位置分别距离地面以下80mm、170mm、250mm。

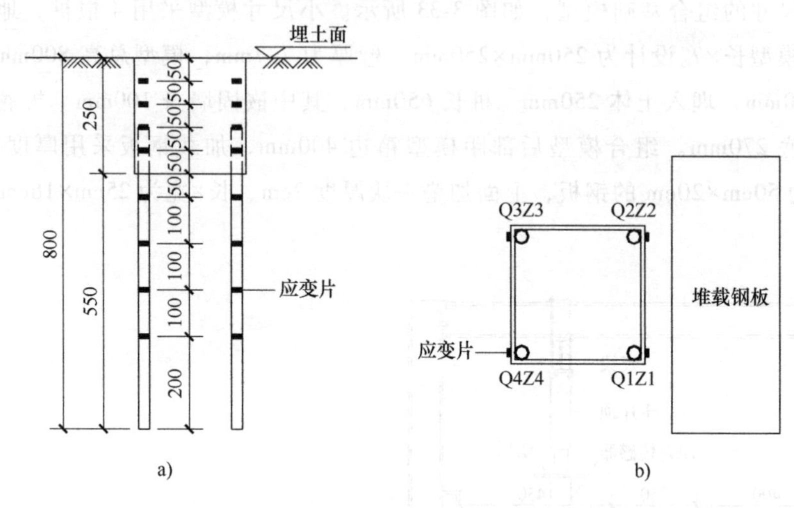

图 3-34　小尺寸桩墙组合基础模型应变片位置布置

a）应变片位置布置立面图　b）应变片位置布置平面图

（3）百分表布置　为观察堆载下土体沉降，小尺寸桩墙组合基础模型试验在钢板上布置了两个百分表，共计8个表，位置如图3-35所示，其中表1、表8测量钢板沉降（土体沉降），表2、表7测量前墙竖向位移，表3、表6测量后墙位移，表4、表5测量水平位移。

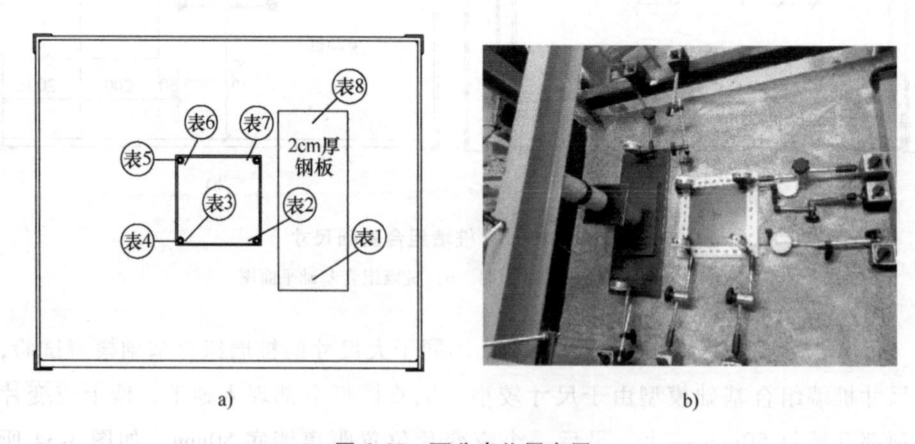

图 3-35　百分表位置布置

a）百分表位置布置示意图　b）百分表位置布置试验图

3. 群桩基础模型试验

（1）模型尺寸与位置　为对比组合基础相对于传统桩基的承载力的提高，设计进行了堆载下群桩基础（即桩-承台基础）模型试验（图 3-36 和图 3-37）。为保证承台有足够的刚度，承台板采用与桩墙组合基础模型相同材料的 2 块 PVC 板叠合而成，长×宽为 250mm×250mm，厚度为 15.5mm，桩长 750mm；通过螺栓与螺母叠合成一个整体并与桩连接，螺栓嵌入模拟桩体管材内 8mm，缝隙用 302 胶水灌实。

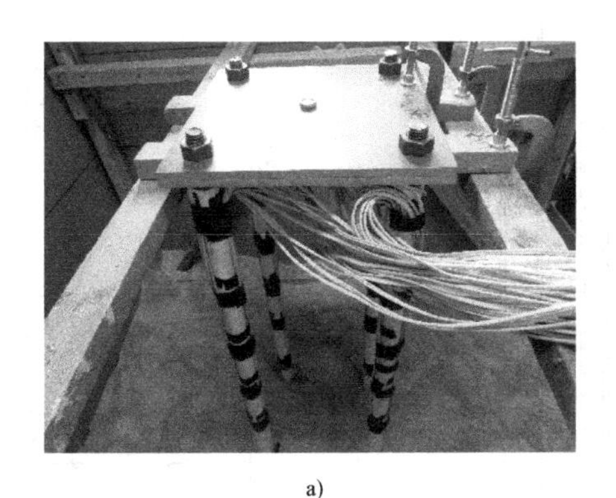

a)

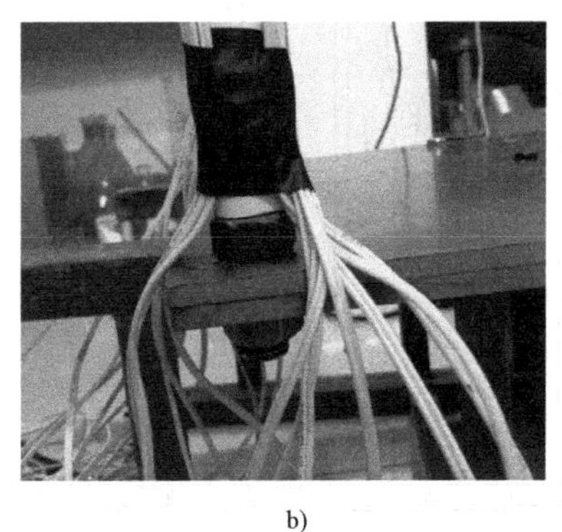

b)

图 3-36　群桩基础模型

a）群桩基础模型在模型箱中位置　b）桩、承台连接

（2）应变片位置布置　四根桩全部粘贴应变片，第一个应变片的位置距离埋土面以下 50mm，然后每隔 100mm 布置一个，最后一个位置距离桩底 150mm，如图 3-38 所示。

（3）百分表布置　为后期试验数据的方便对比，群桩基础模型试验的百分表的布置和小尺寸桩墙组合基础模型的百分表的布置一样（图 3-39）。

4. 基础上部有荷载时桩墙组合基础模型试验

为了与小尺寸的桩墙组合基础上部无荷载时进行对比，该组模型试验除了模型上部进行堆放砝码外，其他参数（包括模型大小、在模型箱中的位置、应变片位置等）均相同，此处不再赘述。

为了方便堆载，防止压坏模型，在模型的上部先加一块钢板，钢板下面只与模型接触，不与模型土接触，然后在钢板上进行堆载，总计上部堆载质量 125kg，作用在模型上相当于 20kPa 的竖向荷载，如图 3-40 所示。

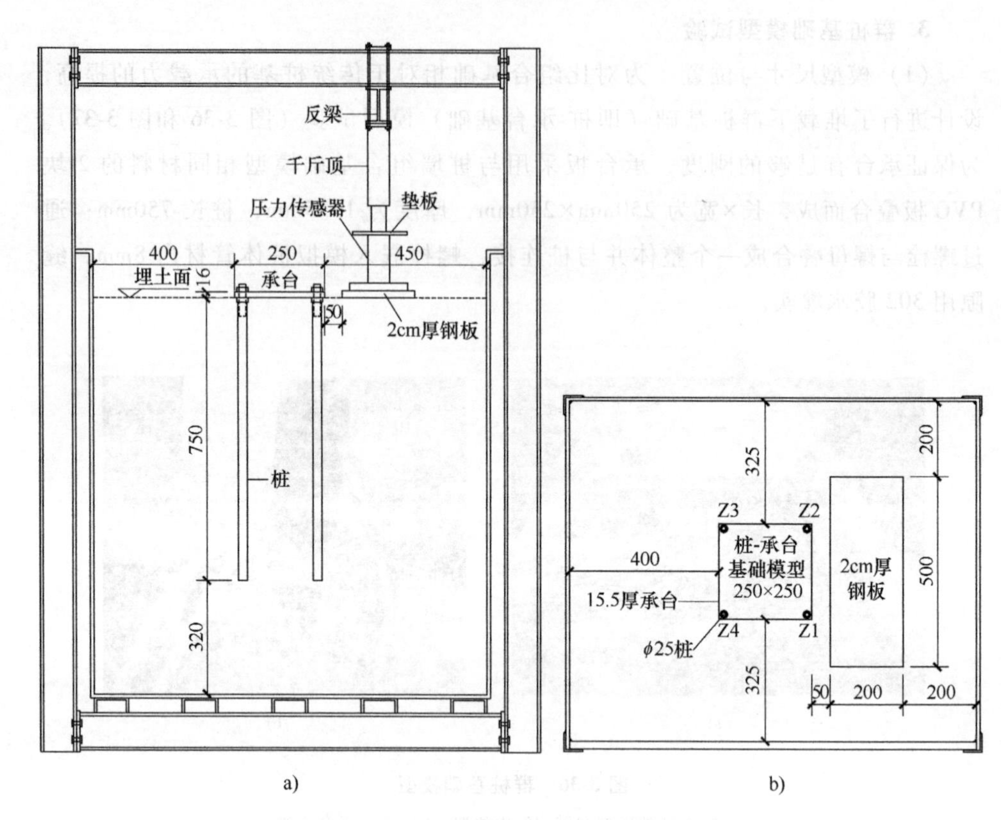

图 3-37　群桩基础模型尺寸示意图

a）模型尺寸立面图　b）模型尺寸平面图

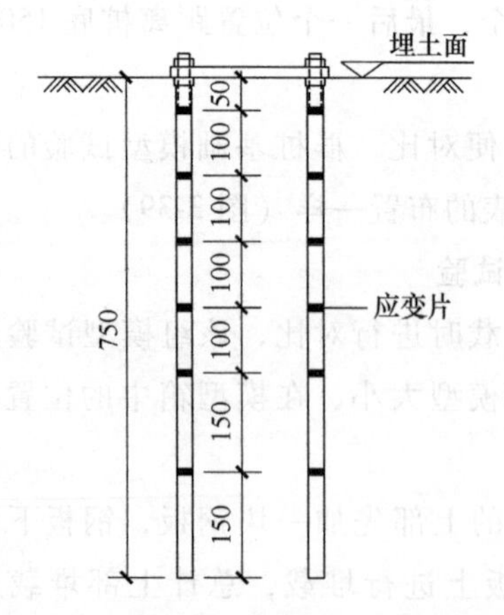

图 3-38　群桩基础模型应变片位置布置

图 3-39　百分表位置布置实物图

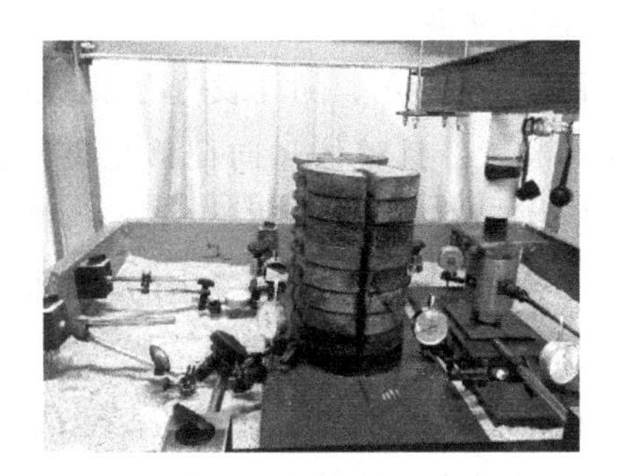

图 3-40　桩墙组合基础上部有荷载时堆载试验

3.2.2　大尺寸桩墙组合基础模型结果分析

1. 水平位移

如图 3-41 所示，在堆载小于 20kPa 时，前墙、后墙水平位移均为负值（都向内变形），说明前墙、后墙水平位移相反但数值相差较小，这是因为此时刚刚施加堆载，堆载下土体对组合基础产生侧向力，前后墙土体挤压模型使得模型产生了“压缩变形”。随着堆载的增加，堆载下水平位移大致呈线性增长，堆载越大，水平位移越大，每增加 40kPa 堆载，水平位移约增加 0.1mm，且前墙位移为正、后墙位移为负，说明在堆载下模型的顶部整体向堆载的一侧位移。对比前墙、后墙水平位移，相同等级的堆载下，两者的水平位移并不完全一致，这是由于在土体的侧向挤压下，模型产生了轻微的变形。

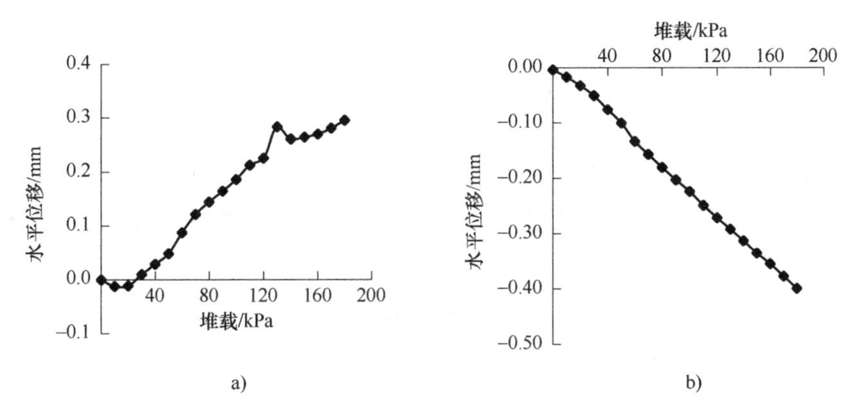

图 3-41　大尺寸桩墙组合基础模型水平位移

a）前墙水平位移　b）后墙水平位移

2. 竖向位移

如图 3-42a 所示，随堆载的增加，前墙竖向位移基本呈线性增加，堆载越大，竖向位移越大，且整体竖向位移是负值，说明在堆载下前墙整体是下沉的。而图 3-42b 中后墙竖向位移显示，模型在刚开始几级较小的堆载时后墙位移为正值，说明刚开始堆载时，后墙有一定的向上抬升，随着堆载的增加后墙逐渐向下沉降。

由图 3-42 可以看出，当堆载超过 110kPa 后，随着堆载的增加后墙的沉降逐渐趋于稳定值，但是前墙仍在随荷载的增加而增加，说明在 110kPa 后，模型整体绕后墙底部发生了转动倾斜。后墙竖向位移趋于稳定的原因是，堆载对模型内部土芯以及后墙周围土体影响有限，模型后墙下沉受到周边土体位移的限制，尤其是模型内部靠近后墙的土芯，土芯的侧向变形受到地下连续墙的限制，进而压缩量受到限制，从而限制了后墙顶盖的竖向位移，后墙的沉降在土芯达到极限压缩值后便趋于稳定。

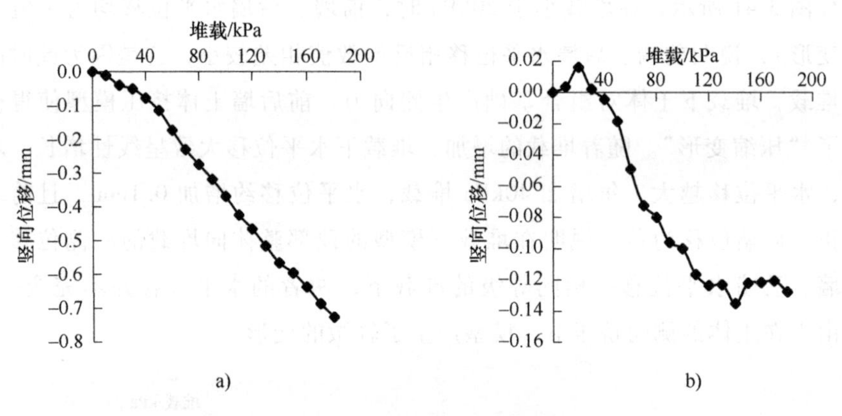

图 3-42　大尺寸桩墙组合基础模型竖向位移

a）前墙竖向位移　b）后墙竖向位移

通过整体对比可以看出，前墙、后墙竖向位移大体为负值，说明在堆载下模型呈整体下沉趋势。前墙的竖向位移远远大于后墙，说明桩墙组合基础模型顶部整体是呈向堆载侧倾斜的趋势，但只能说明顶部的倾斜趋势，并不能说明桩墙组合基础沿深度的水平位移方向均向堆载侧。前墙较大的沉降原因是堆载下前墙附近土体产生较大的竖向位移，对模型产生较大的负摩阻力，从而引起了前墙的较大沉降。

3. 内力数据分析

通过应变求得模型的弯矩，如图 3-43 所示，前墙中部与边部的弯矩沿深度的分布趋势基本一致，前墙最大弯矩值出现在墙身上，埋深在土面以下 50mm 左右，墙身存在 2 个反弯点，前墙中部的反弯点较深，且中部的弯矩较边部的弯矩大，说明中部受堆载的影响较大，其原因：一个方面是模型中部是堆载的中心，模型中部土体的附加应力较大；另一方面是在前墙模型边部有侧墙作为支撑，边部刚度较大，变形较小，从而测得的应变较小。

图 3-43a 显示，当堆载在 40kPa 以内时，地下连续墙墙体上部弯矩基本为正值，堆载超过 40kPa 后，墙体顶部弯矩反向，说明随着堆载的增加，前墙中部发生了反向变形。由图 3-43b 可以看出，弯矩值在埋深 300mm 以下时较小且基本趋于不变，说明下部桩体受弯较小，桩体不再承受水平荷载而是起嵌固作用。

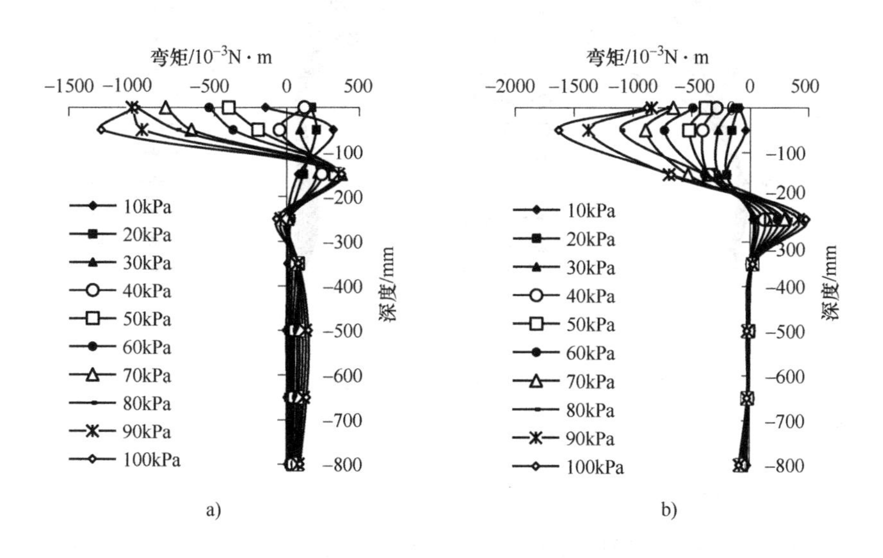

图 3-43　组合基础模型前墙弯矩

a）Q1Z1（前墙边部）弯矩　b）Q2Z2（前墙中部）弯矩

由图 3-44 可知，后墙的弯矩图趋势不同于前墙，后墙的最大弯矩值为正值与前墙相反，并且在后墙的边部墙身的弯矩图在堆载较小时呈 M 形。后墙中部在前几级荷载下最大弯矩出现在埋土面以下 50mm 处，与前墙最大弯矩位置大致相同，但是在后几级荷载作用下最大弯矩出现在埋土面深度为 0 的位置，这是由于是随着荷载的加大，前后墙的受力差变大，前墙的受力、变形可以通过模型的顶盖直接传递到后墙的顶部。从整体看，前墙弯矩远远大于后墙，说明模型在堆载下，主要由前墙承担堆载产生的土体侧向力。

图 3-44a、b 中后墙中部与边部受力趋势不同的原因：一方面是边部的刚度较大，受侧墙传力的影响；另一方面是周边土体的附加应力不同，同时，在埋土面以下 150mm 处地下连续墙墙身的应变片损坏，导致墙身埋土面以下 50~250mm 范围内弯矩值不能测出，从弯矩趋势走向可以推测，该范围内应当有 1 个反弯点。此外，后墙边部桩体最后一个位置的应变片损坏，故图 3-44a 中埋土面 650mm 以下应变值空缺。

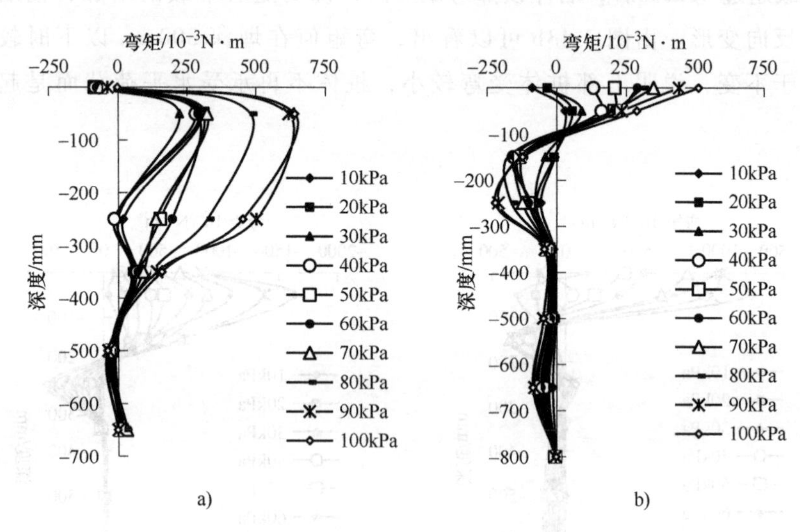

图 3-44 大尺寸桩墙组合基础模型后墙弯矩

a）Q3Z6（后墙边部）弯矩 b）Q4Z5（后墙中部）弯矩

4. 土压力分析

如图 3-45a 所示，在加载 50kPa 以内时，土压力最大的位置在模型的上部，这是因为前墙上部有较大的堆载，上部土体的附加应力大，土体对桩墙组合基础的侧向力大，随深度的增加，土体附加应力逐渐减小，上部堆载的荷载影响逐渐减小。当加载超过 50kPa 时，土压力最大值点逐渐下移，在距离埋土面 150mm 的位置土压力达到最大。

如图 3-45b 所示，后墙的土压力趋势不同于前墙，其原因是后墙周围土体距离堆载较远，且墙后土体与堆载之间有地下连续墙间隔，土体受堆载的影响较小，因模型整体向堆载侧倾斜，后墙顶部产生向堆载侧位移的趋势，而后墙底部产生偏离堆载侧位移的趋势，故后墙的土压力在模型上部大、下部小，最大值点出现在模型的底部。

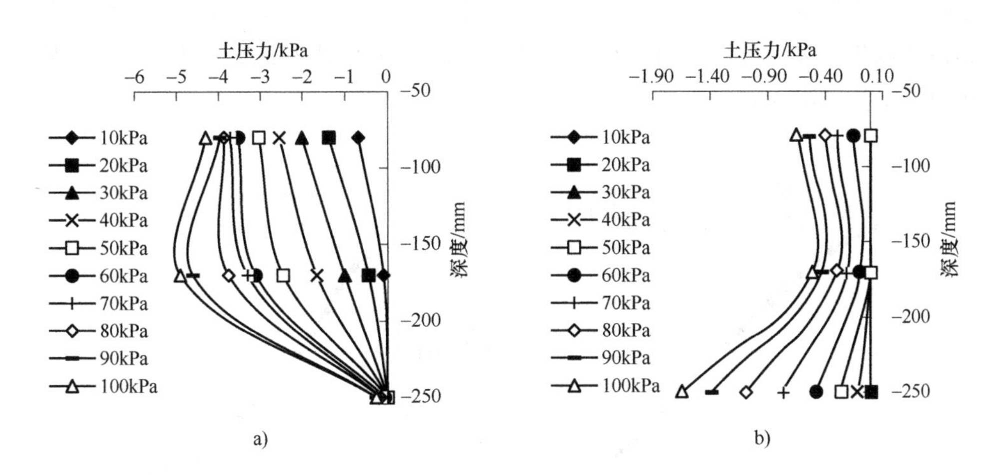

图 3-45 大尺寸桩墙组合基础模型土压力

a）Q1T123（前墙）土压力 b）Q3T123（后墙）土压力

3.2.3 小尺寸桩墙组合基础模型结果分析

1. 位移数据分析

为了便于观测堆载下土体的变形，在堆载的钢板上增加了 2 个百分表，用来测量加载时钢板的竖向位移，由于钢板较厚，刚度较大，钢板的沉降曲线可以近似看作堆载下土体的沉降，图 3-46 表明土体的沉降基本随荷载的增加呈线性增加，说明在堆载下，土体的变形大致呈弹性变形。由图 3-47 可以看出，桩墙组合基础水平位移为负值说明模型顶部整体向堆载侧产生水平位移，同时模型的水平位移随堆载的增加也逐渐增加，且增加速度越来越缓慢，其原因是模型全部埋入土中，模型较难加载到破坏，同时由于模型侧面高出砂顶面的空间有限，该空间放置了加载设备，没有空间放置水平位移测试设备，所以前墙水平位移无法测量，只能测得后墙的水平位移，后墙的水平位移不如前墙明显。

如图 3-48a、b 所示，在 20kPa 堆载以内时，前后墙竖向位移变化缓慢且均较小，且前墙竖向位移向上，后墙竖向位移向下，竖向位移很微小，可能是由于在堆载施加上之后，荷载较小，只对桩墙组合基础上部产生了影响，使得桩墙组合基础上部结构产生了轻微变形。随着荷载的增加，竖向位移逐渐呈线性增加，且前墙的竖向位移线性更强，同时前墙的竖向位移远大于后墙，在堆载达 180kPa 时，前墙的竖向位移为后墙的 3.3 倍。后墙的竖向位移在最后几级荷载时增加变得缓慢，说明后墙的沉降逐渐趋于稳定值，这与大尺寸桩墙组合基础模型性状相似。可以看出，小尺寸桩墙组合基础模型在堆载下仍呈向堆载侧倾斜，整体下沉的趋势。

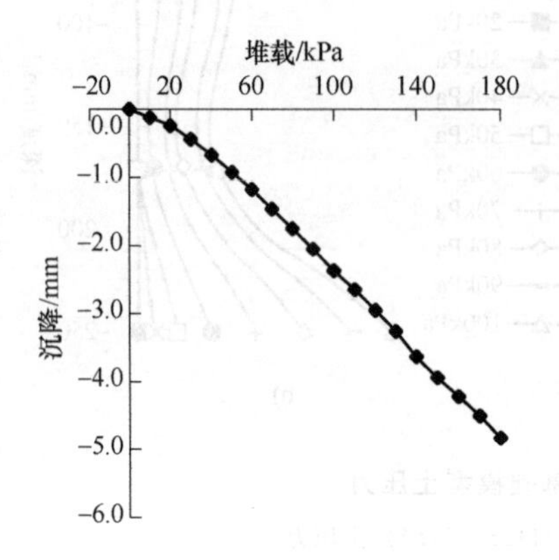

图 3-46　钢板（土体）沉降曲线 1

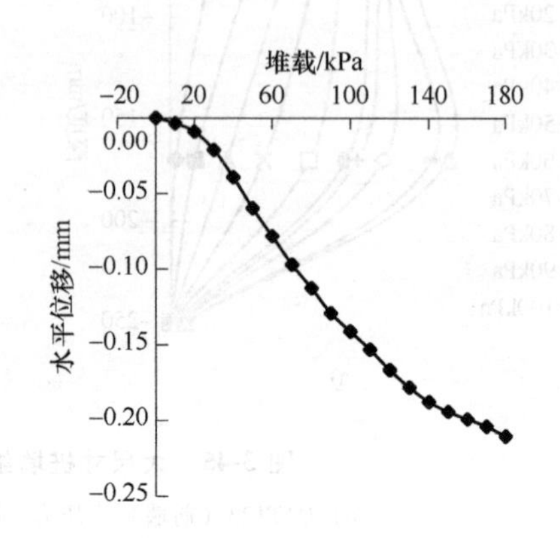

图 3-47　小尺寸桩墙组合基础模型水平位移

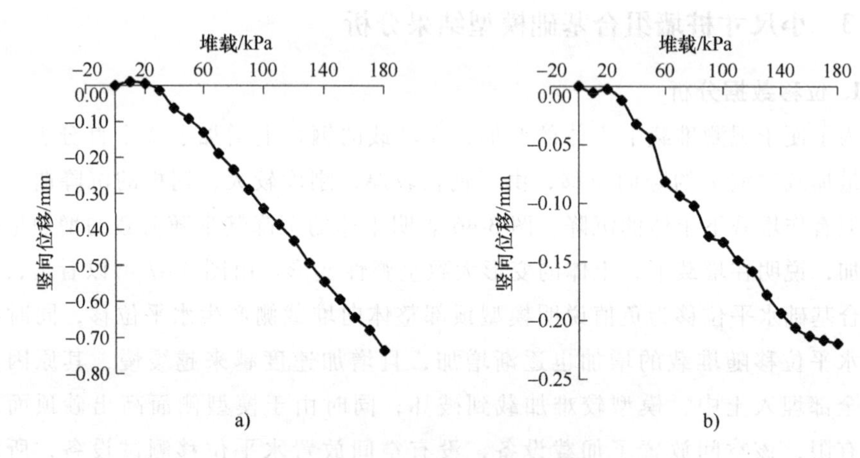

图 3-48　小尺寸桩墙组合基础模型竖向位移

a）前墙竖向位移　b）后墙竖向位移

2. 内力数据分析

图 3-49 表明，前墙、后墙弯矩趋势基本相似，说明小尺寸模型与大尺寸模型受力有所不同，小尺寸模型刚度大，受力整体性较好，前、后墙变形基本一致。由图 3-49 可以看出，弯矩最大的位置仍然出现在墙身上，大致在-75～-100mm 的位置。弯矩的次大值出现在桩身上之上，大约-300mm 的位置，即靠近桩墙连接处的位置，连续墙弯矩呈“M”形的原因是不同于大尺寸模型，受

到小尺寸模型地下连续墙的高度限制，板材未产生足够的挠曲变形，土体产生的侧向力便传递到了桩顶，所以小尺寸模型桩身底部有一定的弯矩，尤其是前墙桩受到堆载的影响较大，桩体承担了一部分力，此时的桩体不仅仅是起抗拔嵌固作用，也起到了一定的抗水平力的作用。

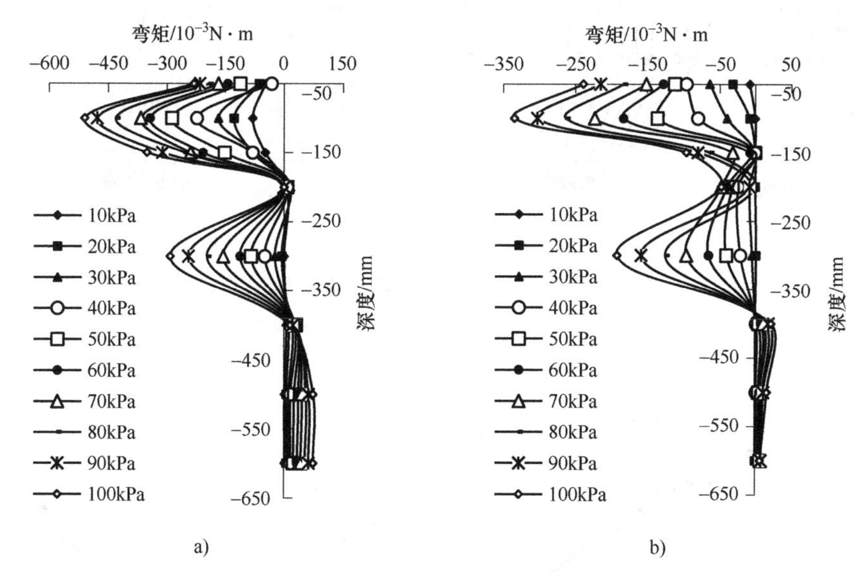

图 3-49　小尺寸桩墙组合基础模型弯矩

a）Q1Z1（前墙）弯矩　b）Q3Z3（后墙）弯矩

3. 土压力分析

如图 3-50 所示，在荷载 60kPa 以内时，前墙中部的土压力值与边部的土压力值较为接近，荷载达到 60kPa 以后前墙边部的土压力值大于前墙中部的土压力值，这是由于边部刚度大、变形小，土体与模型挤压力大。从整体看，前墙土压力值仍呈上部土压力大、下部土压力小的趋势。

3.2.4　群桩基础模型结果分析

1. 位移数据分析

由图 3-51 可以看出，土体沉降随荷载增加线性增加，在达到 120kPa 后，增加速率略有增加。如图 3-52 所示，在 60kPa 以内时，水平位移较小且增加缓慢，随着堆载增加逐渐增大，且增大的速率逐渐变快。同时，承台的水平位移为正值，说明承台在堆载下向远离堆载的一侧位移。

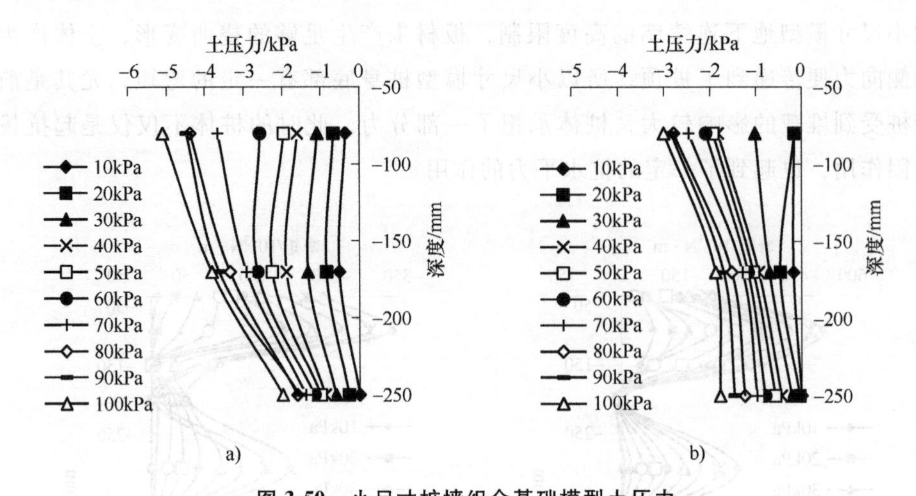

图 3-50　小尺寸桩墙组合基础模型土压力

a）Q1T123（前墙边部）土压力　b）Q1T456（前墙中部）土压力

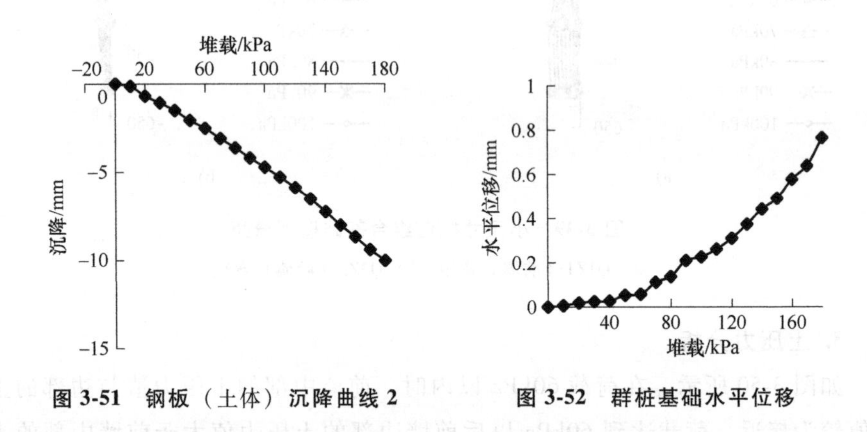

图 3-51　钢板（土体）沉降曲线 2　　**图 3-52　群桩基础水平位移**

由图 3-53 可以看出，近加载侧竖向位移为负值，远加载侧竖向位移为正值，说明近加载侧承台下沉，远加载侧承台抬升，即模型整体向堆载一侧倾斜。不同于桩墙组合基础，桩墙组合基础虽然同样向堆载一侧倾斜，但是桩墙组合基础是呈整体下沉趋势，群桩基础是靠近堆载的部分承台下沉，远离堆载的部分向上抬升。这是由于桩墙组合基础靠近堆载一侧与土的接触面积较大，负摩阻力产生的下拽力大于群桩基础，导致桩墙组合基础整体下沉。

同时可以看出，在堆载 30kPa 内，承台两侧竖向位移均较小，这是因为桩-承台基础不同于桩墙组合基础，桩墙组合基础的受力面较大，而桩基础受土压力面较小，只有当土体产生足够的沉降，负摩阻力较大时，下拽力才能使承台发生沉降，因此与桩墙组合基础相比具有一定的“延迟性”，尤其是远加载一侧的桩由于距离堆载较远，在堆载 60kPa 内时，竖向位移增加缓慢且数值很小，“延迟性”更为明显。随着堆载的增加，承台的竖向位移逐渐增加，对比图 3-53a 与b，近加载侧竖向位移大于远加载侧竖向位移。因此，在工程实践中面临大面积堆载时要注意检测承台的不均匀沉降，对承台进行抗弯、抗剪设计。

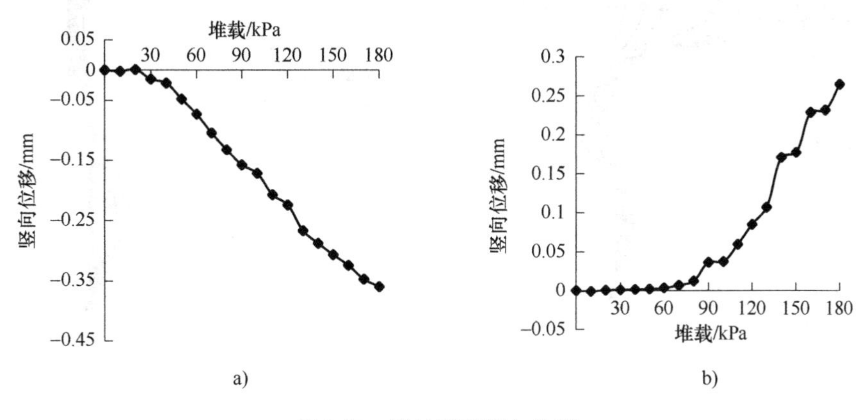

图 3-53　群桩基础竖向位移

a）近加载侧竖向位移　b）远加载侧竖向位移

2. 内力数据分析

由图 3-54 可以看出，堆载下前桩最大弯矩在埋土面以下 150mm 处，而后桩最大弯矩在靠近桩的顶部，这是由于后桩离堆载较远，其受力主要由前桩经由承台传递到后桩，因此后桩的受力趋势与水平力作用下的单桩受力趋势较为相似，弯矩在后桩与承台的连接处达到最大。在埋深-450mm 以下，前桩、后桩桩身的弯矩逐渐减小，最后趋于 0。对比两者，前桩桩身的弯矩大于后桩，说明在堆载作用下，群桩基础主要由前桩提供水平抗力。

3.2.5　上部有荷载时桩墙组合基础模型结果分析

1. 位移数据分析

由图 3-55 和图 3-56 可以看出，基础上部有荷载时钢板的沉降与水平位移随堆载的增加基本呈线性增长的趋势。

由图 3-57 可以看出，前墙的竖向位移基本随堆载增加呈线性增长趋势，堆载在 20kPa 以内时，前后墙的竖向位移均较小，在 10～20kPa 时前后墙的竖向位移较为稳定，堆载超过 20kPa 后，竖向位移开始逐渐增大。且由图 3-57b 看出后墙在堆载超过 80kPa 后竖向位移有一个小的抬升，随后减小，在达到 150kPa 后

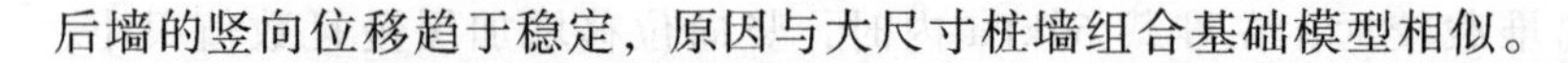

后墙的竖向位移趋于稳定，原因与大尺寸桩墙组合基础模型相似。

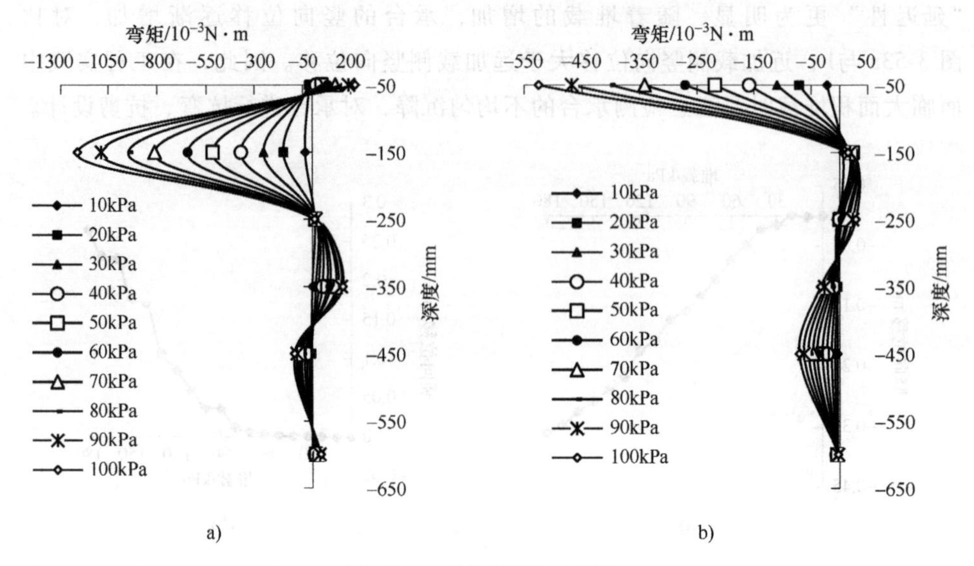

图 3-54 群桩基础桩身弯矩

a）Z2（前桩）弯矩 b）Z3（后桩）弯矩

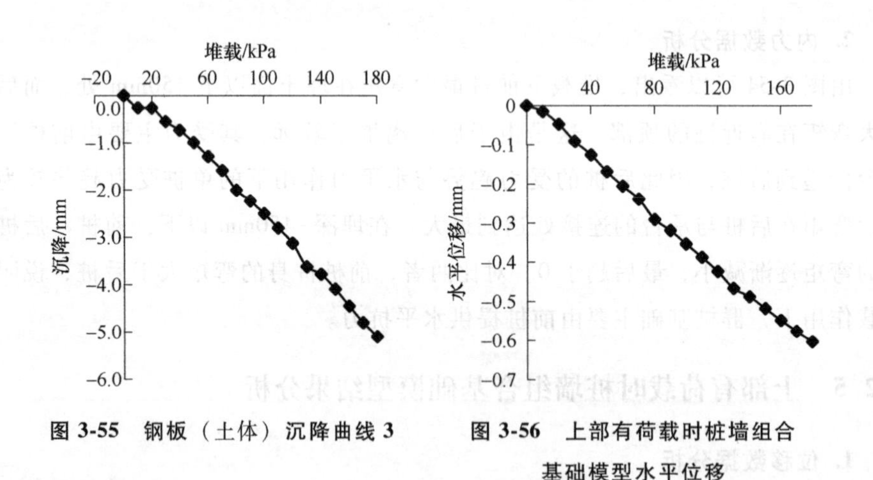

图 3-55 钢板（土体）沉降曲线 3

图 3-56 上部有荷载时桩墙组合基础模型水平位移

2. 内力数据分析

由图 3-58 可以看出，弯矩最大值在墙上 −100mm 左右，且前后墙弯矩最大位置点基本一样。前墙墙身上没有反弯点，前后墙的弯矩值基本均为负值，说明上部荷载下模型的整体受力性能更好。后墙墙身的弯矩仍小于前墙，且不同于上部无荷载时的组合基础模型，此时桩底部弯矩有一个小的突变，说明力传递到了桩的下部。

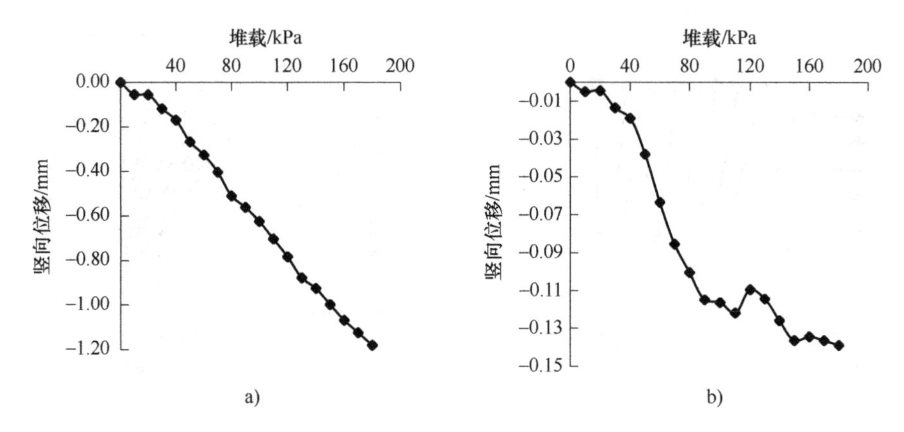

图 3-57　上部有荷载时桩墙组合基础模型竖向位移

a）前墙竖向位移　b）后墙竖向位移

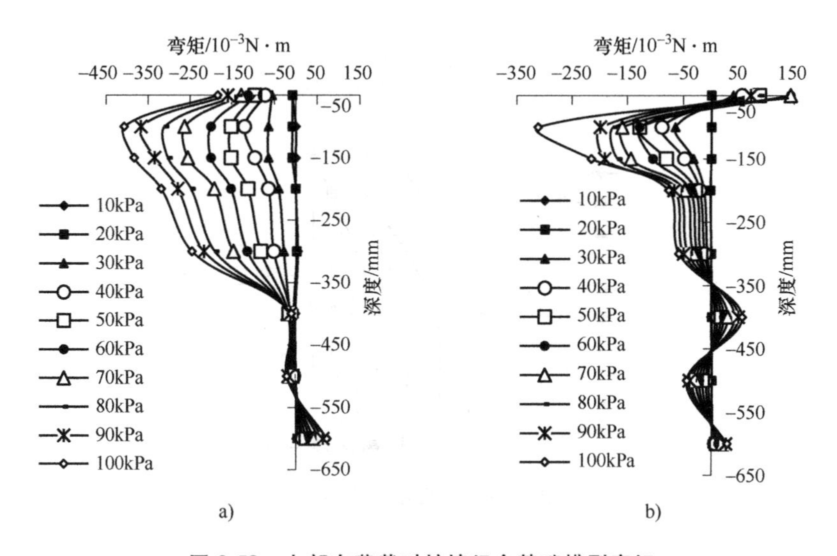

图 3-58　上部有荷载时桩墙组合基础模型弯矩

a）Q2Z2（前墙桩）弯矩　b）Q3Z3（后墙桩）弯矩

3. 土压力分析

如图 3-59 所示，前墙土压力上部较大，且模型中部的土压力较边部的土压力大，模型中间的土压力沿深度的分布呈“K”形，即模型中部的土压力中间小两边大。图 3-60 为后墙土压力沿深度分布曲线，因为后墙土体受到堆载的影响较小，后墙土压力仍呈上部小下部大的趋势。

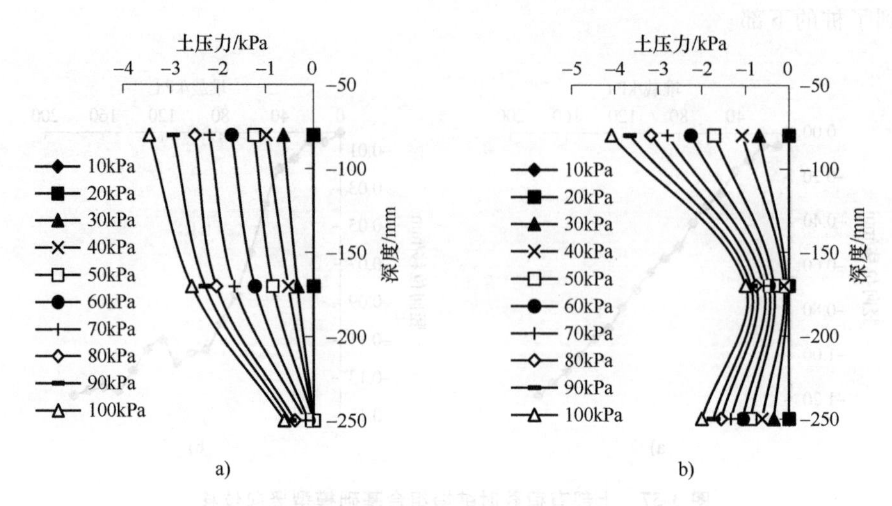

图 3-59　上部有荷载时桩墙组合基础模型前墙土压力

a）前墙边部土压力　b）前墙中部土压力

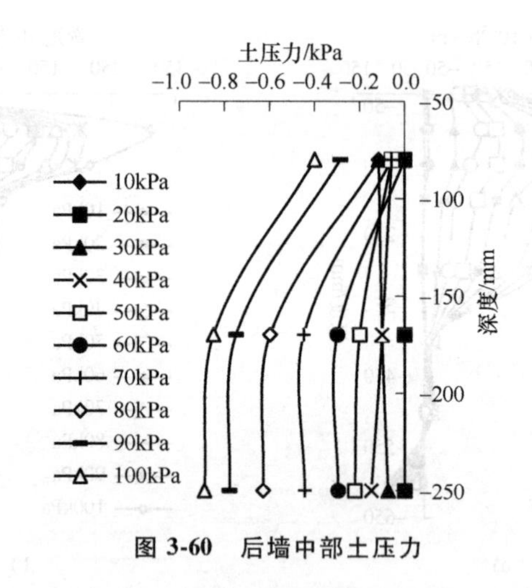

图 3-60　后墙中部土压力

3.2.6　桩墙组合基础与群桩基础试验对比

1. 位移数据对比

由图 3-61 可以看出，土层情况基本一致，相同荷载作用下两者的土体沉降曲线不同，而在两组试验过程中，土体的填埋密实度基本保持一致，对比两组试验的沉降曲线，桩墙组合基础周边土层的位移较小，这是因为周边土体上部堆载下桩墙组合基础的地下连续墙部分限制了堆载下土体的侧向变形，而群桩基础则无法达到这种限制效果。因此，当大面积堆载是由于新建建筑物产生时，桩墙组合基础有利于控制周边建筑物的沉降。

如图 3-62 所示，群桩基础的水平位移趋势不同于桩墙组合基础。由于桩墙组合基础前墙墙体与土体有较大的接触面积，当上部堆载较大时，土体与桩墙组合基础产生较大的相对位移，从而产生较大的负摩阻力，而后墙与堆载之间间隔有桩墙组合基础结构，墙后的土体受堆载的影响较小，从而后墙所受的负摩阻力较小，导致桩墙组合基础产生不均沉降，前墙沉降大于后墙，桩墙组合基础顶部水平位移向堆载一侧，而群桩基础由于土压力影响，水平位移向远离加载一侧。且相同荷载下桩墙组合基础的水平位移远远小于群桩基础，从而说明桩墙组合基础的水平承载力更高。

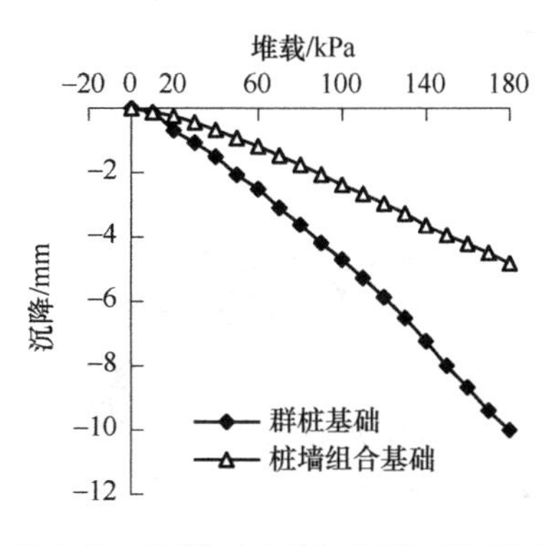

图 3-61　钢板（土体）沉降对比图 1

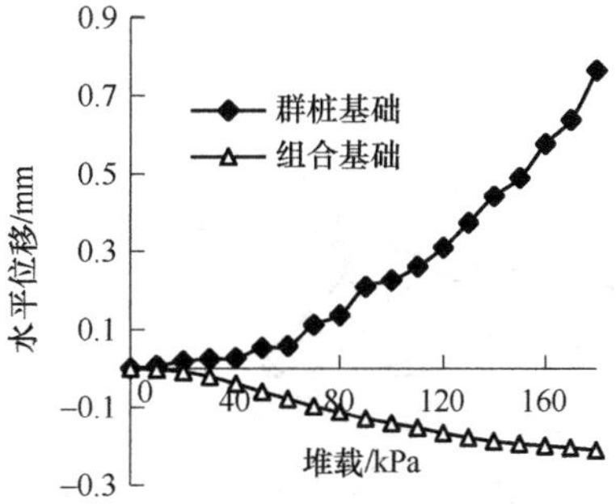

图 3-62　基础水平位移对比图 1

图 3-63a 表明靠近加载的一侧，桩墙组合基础的竖向位移较大，这是由负摩阻力引起的。而由图 3-63b 可以看出，远离加载侧桩墙组合基础的竖向位移与群桩基础的竖向位移趋势明显不同，桩墙组合基础下沉，群桩基础抬升，且此处桩墙组合基础的竖向位移更小。

2. 内力数据对比

图 3-64a、b 分别为近加载侧与远加载侧在 30kPa、60kPa、90kPa 下的弯矩对比图，在埋深 250mm 范围内，桩墙组合基础与桩-承台基础弯矩变化趋势相似，且均为负值，但埋深超过 250mm 后，桩墙组合基础与群桩基础的桩身弯矩相反，这是由于桩墙组合基础与桩-承台基础倾斜方向相反，桩墙组合基础的桩身变形受到上部地下连续墙变形的影响。从图 3-64 可以看出，相同等级堆载下，群桩基础的最大弯矩大于桩墙组合基础的最大弯矩，桩墙组合基础的承载力更高。

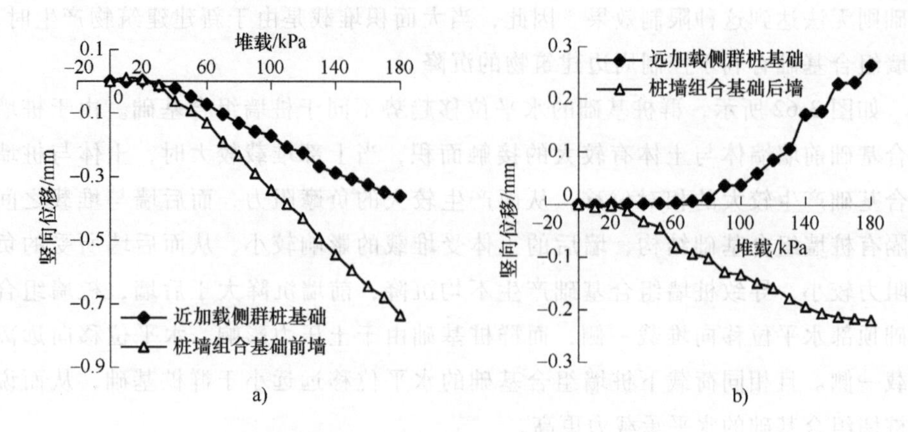

图 3-63 基础竖向位移对比图

a）近加载侧竖向位移对比图 b）远加载侧竖向位移对比图

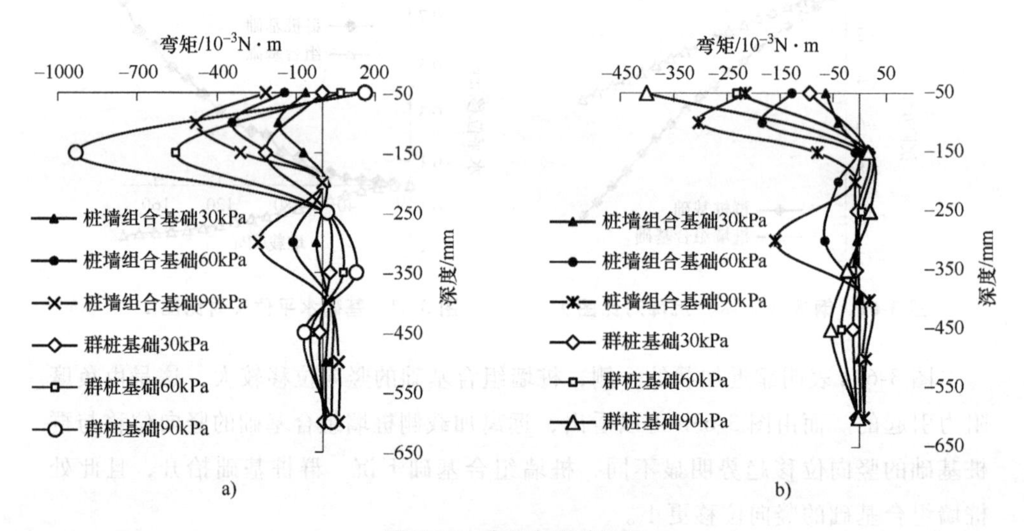

图 3-64 基础弯矩对比图

a）近加载侧基础弯矩对比图 b）远加载侧基础弯矩对比图

3.2.7 桩墙组合基础上部有无荷载试验对比

1. 位移数据对比

由图 3-65 可以看出，钢板沉降曲线两种工况下基本一致，说明相同堆载下桩墙组合基础上部的荷载不影响堆载下土体的沉降。图 3-66 表明，上部有荷载时的模型水平位移大于上部无荷载的水平位移，这一点不同于竖向荷载对桩基水平承载力的影响，桩基竖向荷载一般对桩基水平承载力起贡献作用。而桩墙组合基础模型这种现象是因为上部荷载相比堆载小很多，堆载下组合基础整体向堆载侧倾斜，此时上部的钢板连同砝码同时倾斜，加剧了模型的倾斜趋势，但是当基础上部荷载足够大时可以控制基础的倾斜，从而提高堆载下基础的承载力。

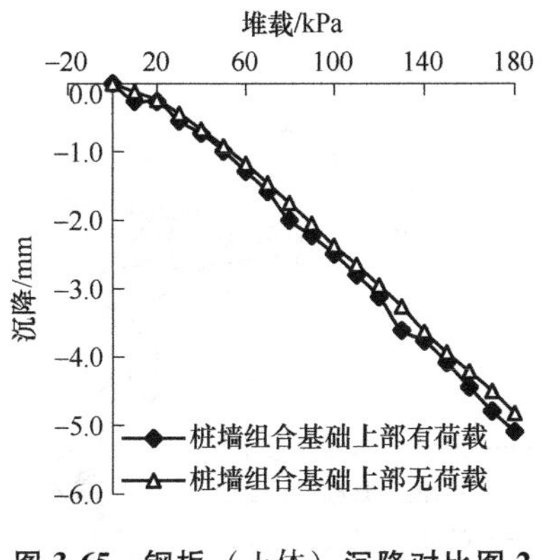

图 3-65　钢板（土体）沉降对比图 2

图 3-66　基础水平位移对比图 2

由图 3-67 可以看出，相比上部无荷载的情况，基础上部有荷载时前墙的竖向位移较大，而后墙竖向位移比之较小。同时印证了上部的荷载加剧了桩墙组合基础向前倾斜，后墙的竖向位移两者在 80kPa 之前相差较小，堆载超过 80kPa 后，基础上部有荷载时竖向位移较小，基础整体下沉比无荷载时均匀。

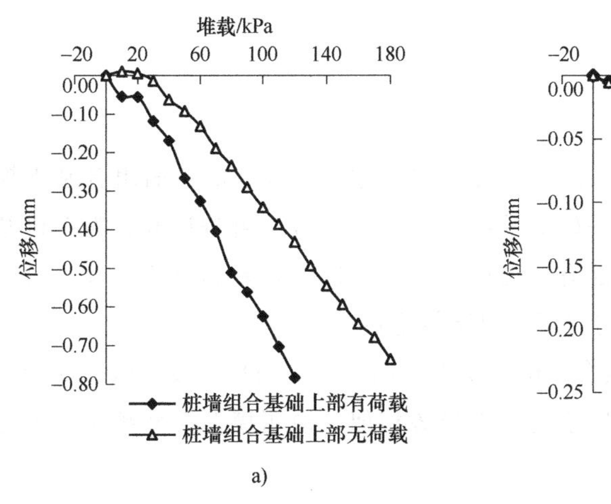

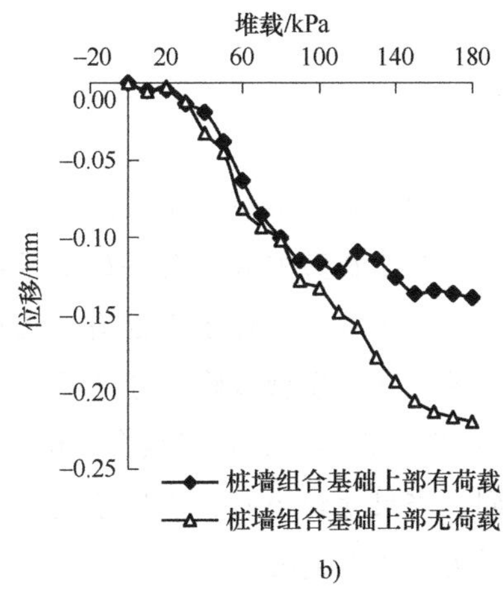

图 3-67　桩墙组合基础上部有、无荷载竖向位移对比图

a）前墙竖向位移对比图　b）后墙竖向位移对比图

2. 内力数据对比

由图 3-68 可以看出，桩墙组合基础上部有荷载时的弯矩图与上部无荷载时大体相似，尤其是后墙。且两组模型弯矩最大值的位置基本相同，均在埋土面以下 75mm 左右。两者不同的是，上部有荷载时桩墙组合基础墙身最大弯矩值较无荷载时小，且墙身无反弯点，原因是上部荷载使墙身在侧面土压力下的挠曲变形变得困难，从而减小了桩墙组合基础的弯矩值。

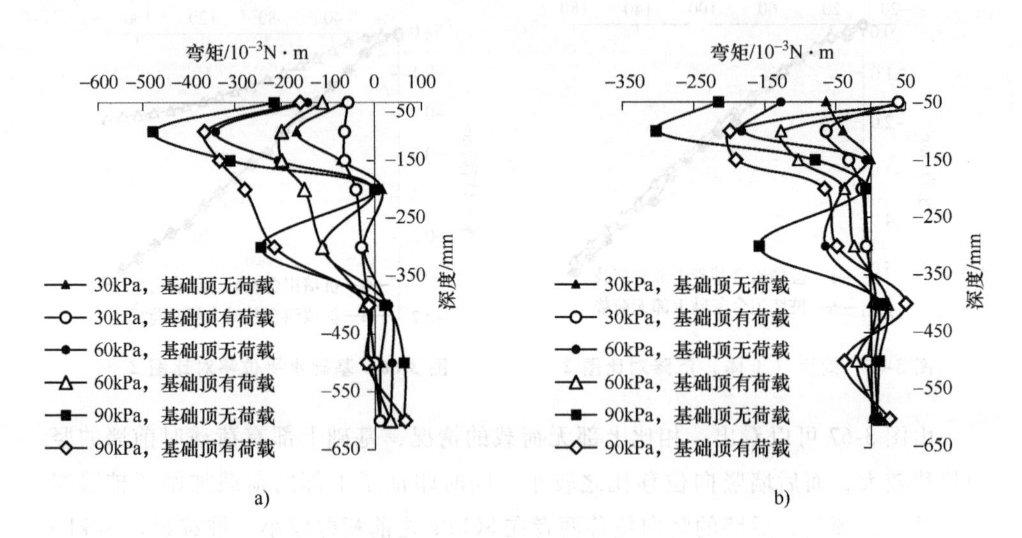

图 3-68 组合基础上部有无荷载弯矩对比图

a）前墙弯矩对比图 b）后墙弯矩对比图

3.2.8 小结

通过设计制作试验模型，同时进行了大尺寸、小尺寸的桩墙组合基础模型试验，为对比新型桩墙组合基础的承载力设计了堆载下群桩试验，为探讨基础上部荷载的影响，设计了上部有、无荷载时的桩墙组合基础对比试验。通过堆载下四种情况的模型试验，可以得出以下结论：

1）堆载作用下，桩墙组合基础主要由前墙受力，当尺寸较大时，前后墙受力不同，当尺寸较小时，前后墙的受力趋势相似，说明模型尺寸越小，组合基础的受力整体性越强。

当桩长较长时，下部桩体受力很小，基本不受上部堆载增加的影响。

2）相同堆载下，相比群桩基础而言组合基础的水平位移较小，最大弯矩值较小，说明桩墙组合基础比桩-承台基础具有较高的承载力。

3）群桩基础与桩墙组合基础在堆载下的变形性状不同，堆载作用下群桩基础向远离堆载的一侧水平位移，且近加载侧下沉，远加载侧抬升，而桩墙组合基础由于受到较大的负摩阻力，堆载下向堆载侧水平位移，且呈整体下沉趋势。

4）桩墙组合基础的受力主要由前墙承担，且前后墙受力变形性状不一样，前后墙所受土压力分布也有所差别。对于群桩基础，前排桩与后排桩受力也不同，前排桩弯矩最大值在埋土面以下桩身某一位置，而后排桩的最大弯矩值出现在桩顶附近，且堆载下模型主要由前排桩承担抗力。

5）堆载下的桩墙组合基础上部的荷载较小时对提高基础的承载力没有贡献，反而加剧基础的倾斜，但可以减小桩墙组合基础墙身的最大弯矩值，从而减小桩墙组合基础的配筋。

3.3　水平荷载作用下桩墙组合基础的模型试验研究

本节主要分析桩墙组合基础室内模型试验，根据试验数据得出一个定性的变化规律。该模型试验共分为三组试验：第一组尺寸为 400mm×400mm×1000mm 的桩墙组合基础模型在不同水平荷载下的试验；第二组尺寸为水平荷载下 400mm×400mm×1000mm 的群桩基础的试验，并与相同尺寸的桩墙组合基础的试验结果做对比；第三组尺寸为 250mm×250mm×800mm 的桩墙组合基础试验，并与尺寸为 400mm×400mm×1000mm 的桩墙组合基础试验结果做对比。最后与理论分析结果进行对比，相互验证，确定理论的可行性。

3.3.1　模型试验概述

1. 大尺寸桩墙组合基础模型试验

大尺寸桩墙组合基础（图 3-69）试验中，地下连续墙墙厚为 8mm，长、宽、高均为 400mm，桩体直径为 25mm，桩长为 750mm，其中嵌固长度为 150mm，桩墙组合基础模型总高为 1000mm。

2. 小尺寸桩墙组合基础模型试验

小尺寸桩墙组合基础在模型箱中的位置，如图 3-70 所示，地下连续墙墙厚为 8mm，长、宽、高均为 250mm，桩体直径为 25mm，桩长为 650mm，其中嵌固长度为 100mm，桩墙组合基础模型总高为 800mm。

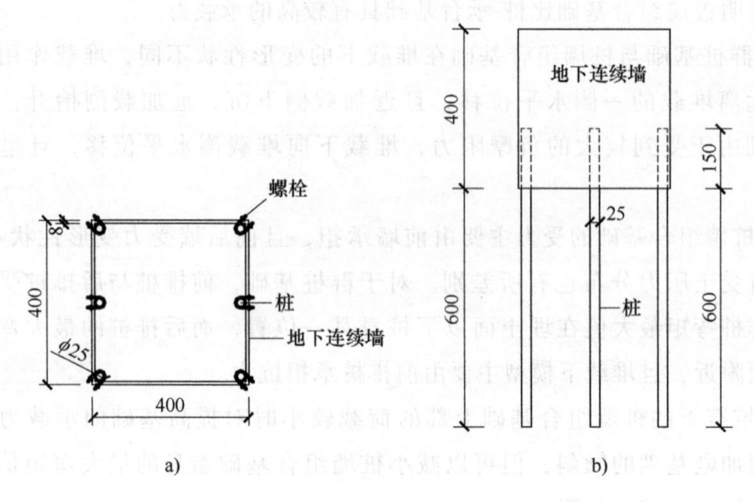

图 3-69 大尺寸桩墙组合基础模型设计尺寸

a）平面示意图 b）正立面示意图

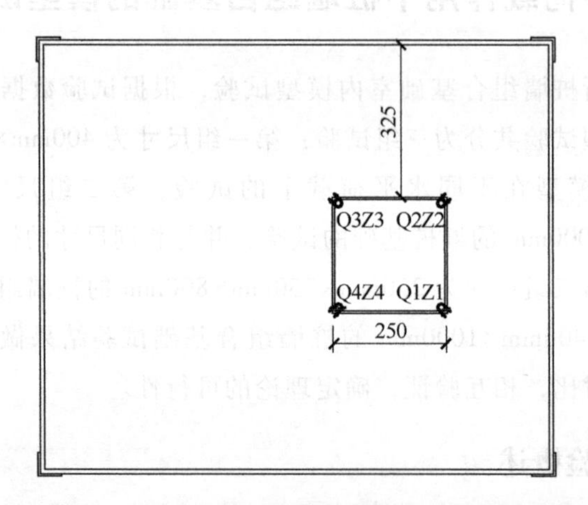

图 3-70 小尺寸桩墙组合基础模型设计及摆放位置

3. 桩-承台模型试验

如图 3-71 所示，桩体长度为 900mm，承台尺寸与地下连续墙外围尺寸基本一致，为 400mm×450mm，其中一边长出 50mm，用来固定受荷面木条。

承台采用两块板叠加在一起，通过螺杆连接桩体与承台，同时，在承台的中间加设三个螺栓，确保承台的整体性，保证模型加载时承台变形协调一致。螺杆通过胶黏剂粘在桩体内，然后通过螺母固定在承台板上，如图 3-72 所示。

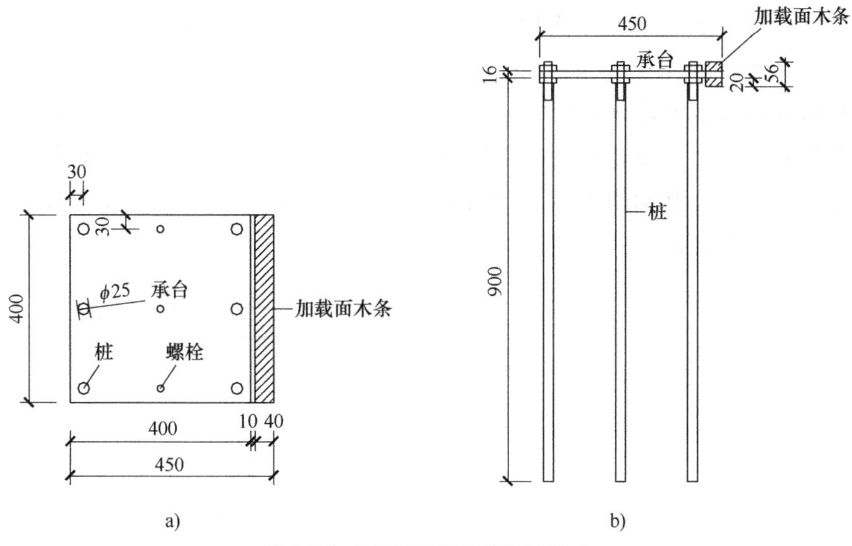

a)　　　　　　　　　　b)

图 3-71　群桩基础模型设计尺寸

a）模型平面图　b）模型立面图

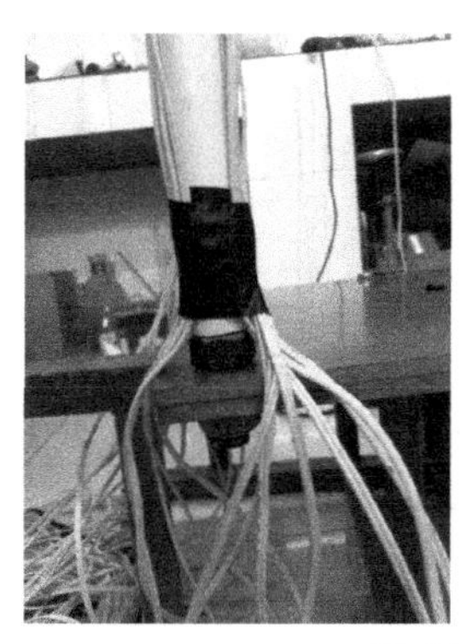
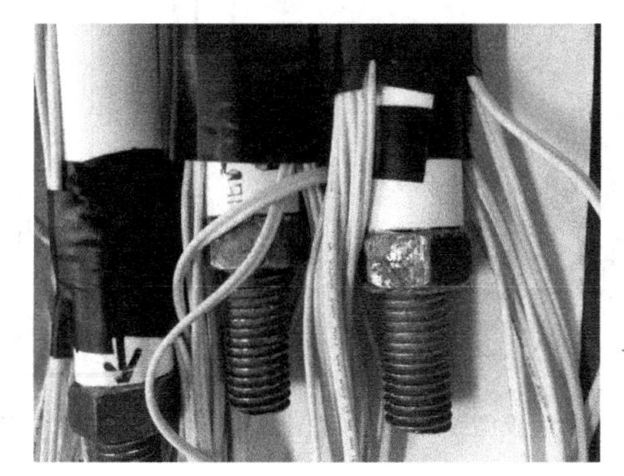

图 3-72　桩体与承台连接示意图

为方便加载，保证荷载能准确地施加在模型中心，在加载的承台面上下通过螺栓固定两个木条，增加加载接触面积，如图 3-73 所示。

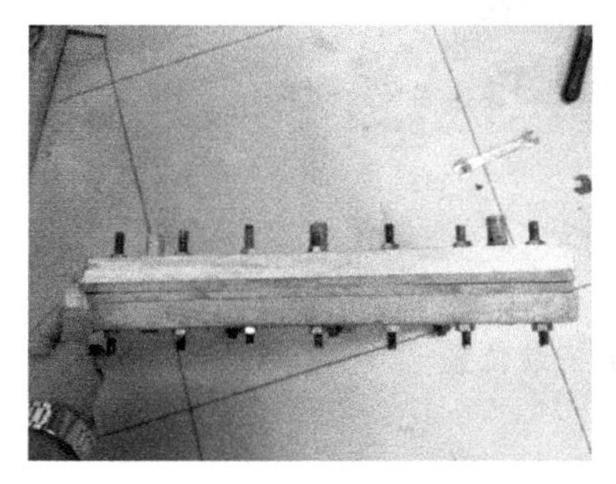
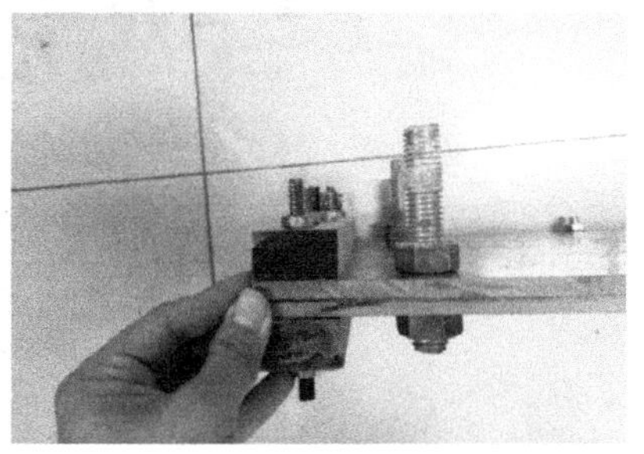

图 3-73　加载用木条

如图 3-74 所示，试验模型仍采用木支架固定，填埋时用橡胶锤进行承台底部土体的密实。

加载装置与水平荷载下桩墙组合基础模型试验相同，如图 3-75 所示。加载用的百分表安装位置参照桩墙组合基础模型的百分表位置，如图 3-76 所示。加载方法与桩墙组合基础模型试验加载方法一致，仍采用单循环连续加载法，每级荷载为 0.5kN，如图 3-77 所示。

图 3-74 模型定位图

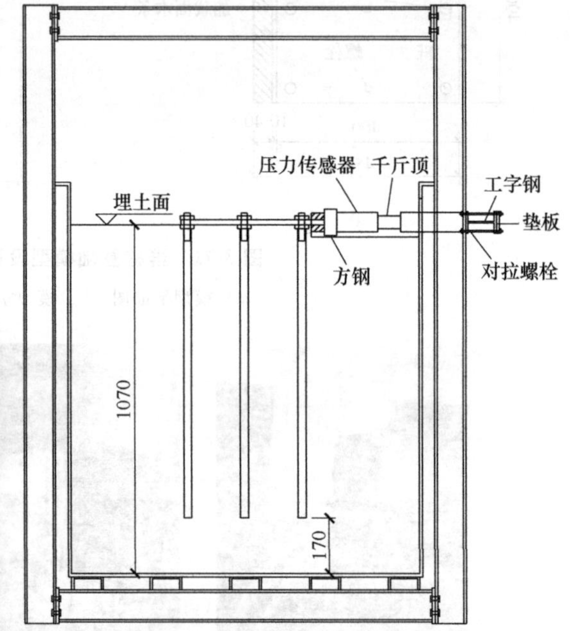

图 3-75 群桩基础加载示意图

图 3-76 百分表安装位置

a)

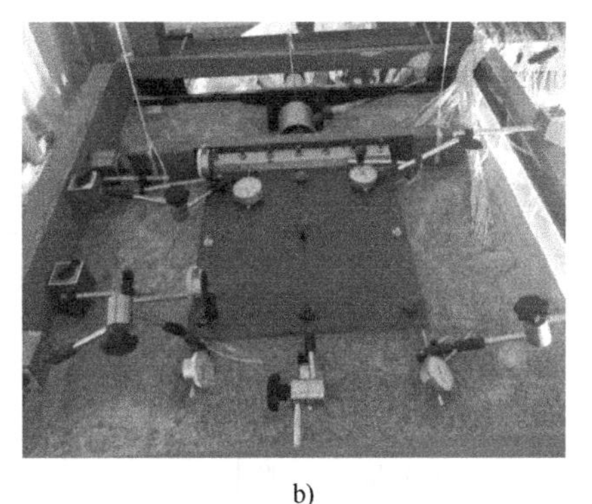
b)

图 3-77 群桩基础试验加载图

a）加载侧面图 b）加载俯视图

3.3.2 400mm×400mm×1000mm 大尺寸模型试验数据分析

试验主要探究该尺寸模型在不同水平荷载作用下的弯矩分布、变形规律、桩墙组合基础顶部位移的变化趋势以及桩墙组合基础受荷面与背荷面的土压力分布情况。并与相同尺寸的群桩基础进行对比，从而直观体现出桩墙组合基础承载能力的优越性。

1. 水平荷载作用下桩墙组合基础弯矩

由图 3-78 可以看出，桩墙组合基础受荷面的弯矩沿深度先是减小，在墙 1/4 处达到反弯点。之后，弯矩沿反向继续增加，并且在墙的中部达到反向弯矩的最大值。随后弯矩减小，在墙 3/4 处达到反弯点，然后弯矩增大，在桩墙连接处达到另一个弯矩极值，随后又继续减小直至零。

由图 3-79 可以看出，桩墙组合基础背荷面的弯矩沿深度先是增大，在墙体中间部位附近达到弯矩的最大值，随后减小，在桩与墙的刚接部分附近达到反弯点。之后，弯矩沿反方向继续增加，并且在桩的顶部迅速到达弯矩反向的最大值，随后弯矩减小至零。

综上，可以发现：

1）无论是受荷面还是背荷面，弯矩都随着荷载的增加而增加，并且弯矩最大处的位置与反弯点的位置不变，即地下连续墙竖向的 1/2 处位置与桩墙刚接处位置为组合基础的最不利影响位置。

2）地下连续墙所受的弯矩远远大于桩所受到的弯矩。从埋深 500mm 处附

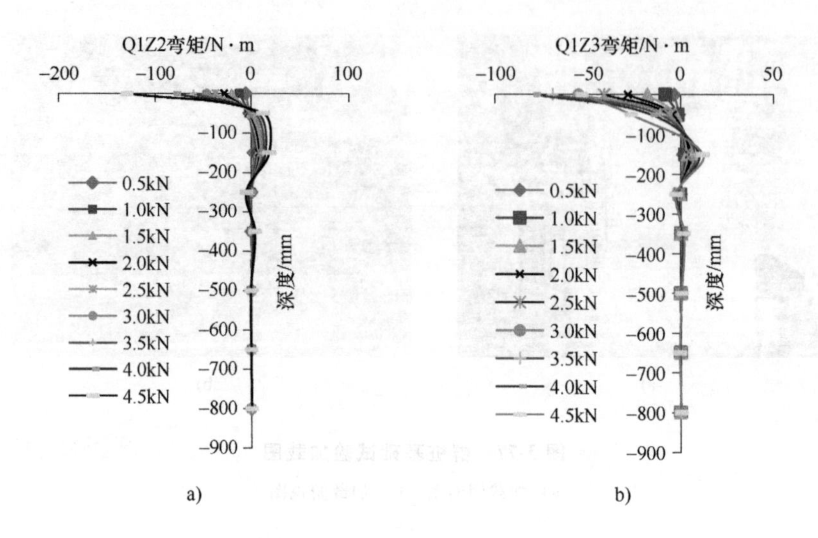

图 3-78　桩墙组合基础受荷面弯矩-深度曲线（大尺寸）

a）Q1Z2 弯矩　b）Q1Z3 弯矩

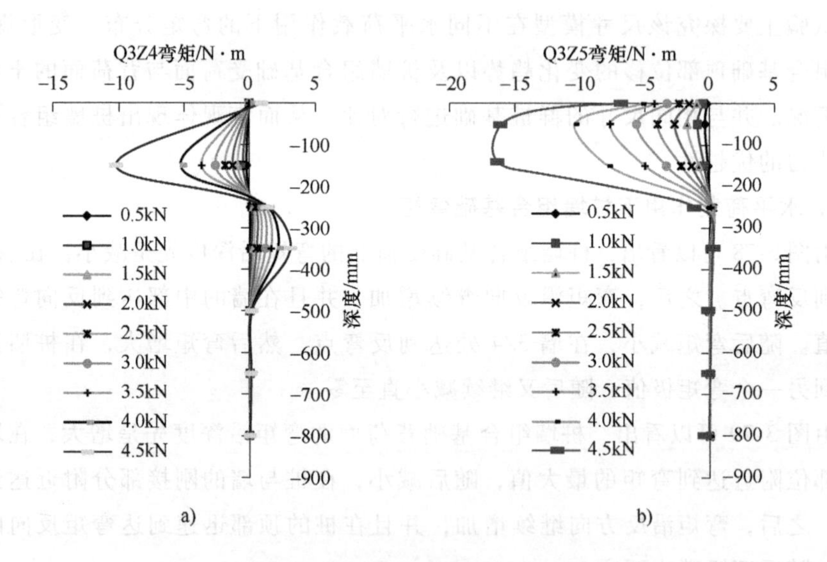

图 3-79　桩墙组合基础背荷面的弯矩-深度曲线（大尺寸）

a）Q3Z4 弯矩　b）Q3Z5 弯矩

近一直到桩底，弯矩几乎为零，即桩的下半部分几乎不承受弯矩。

3）受荷面弯矩与背荷面的相差不大。受荷面最大弯矩与背荷面最大弯矩均出现在地下连续墙上，所以实际工程应用当中前墙与后墙可统一配筋并且可适当增加墙身的配筋，减少桩身配筋。

2. 水平荷载作用下桩墙组合基础与群桩基础弯矩对比

在受荷面上桩墙组合基础中弯矩最大点位置略高于群桩基础（图 3-80），在背荷面上弯矩最大点出现的位置在埋深 200mm 位置附近（图 3-81）。在埋深 250mm 附近，桩墙组合基础桩墙连接处（桩伸入上部墙体 150mm 处），此处是桩墙组合基础弯矩的另一个极值点。但是群桩基础在此处的弯矩逐渐减小，趋于零点。

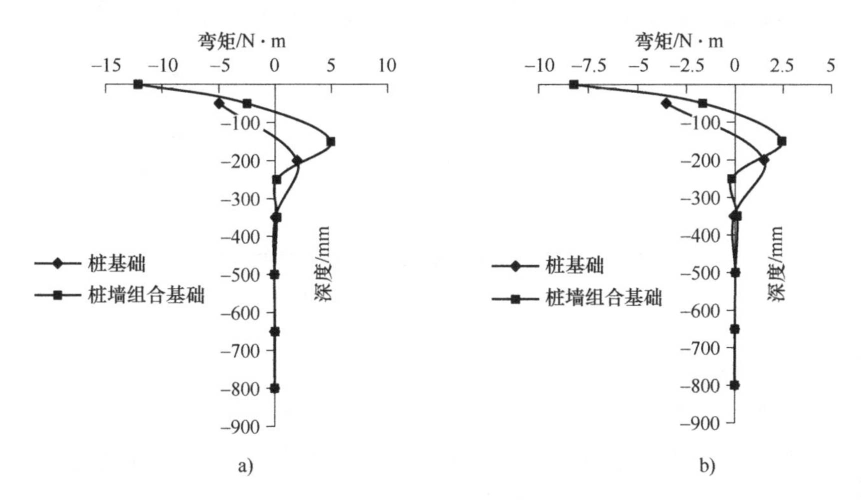

图 3-80　受荷面上桩墙组合基础与群桩基础在 1kN 荷载下的弯矩对比图

a）受荷面中间一排弯矩　b）受荷面边上一排弯矩

通过桩墙组合基础与群桩基础的弯矩对比发现：在相同的荷载下，受荷面一侧桩墙组合基础所承受的弯矩大于群桩基础所承受的弯矩，而在背荷面一侧，群桩基础所承受的弯矩反而更大一些。这说明相对于群桩基础，桩墙组合基础发挥了地下连续墙刚度大的优势，受荷面承担了大部分的水平荷载，桩墙组合基础背荷面弯矩相对较小也说明了在水平荷载作用下桩墙组合基础的稳定性强于群桩基础，桩墙组合基础可以承受更大的水平荷载。

3. 水平荷载作用下桩墙组合基础位移

由图 3-82a 发现，随着荷载增加地下连续墙的水平位移逐渐增加，但是当荷载加到 4kN 时，水平位移增加速度加快，位移-荷载曲线具有显著拐点，此后桩墙组合基础迅速破坏。受荷面的水平位移为 10.5mm，背荷面的水平位移为 9.2mm，受荷面的水平位移略大于背荷面的水平位移。这是因为地下连续墙墙后土体的被动土压力大从而阻止了组合基础的水平方向滑移，所以导致了地下连续墙发生了挤压变形。

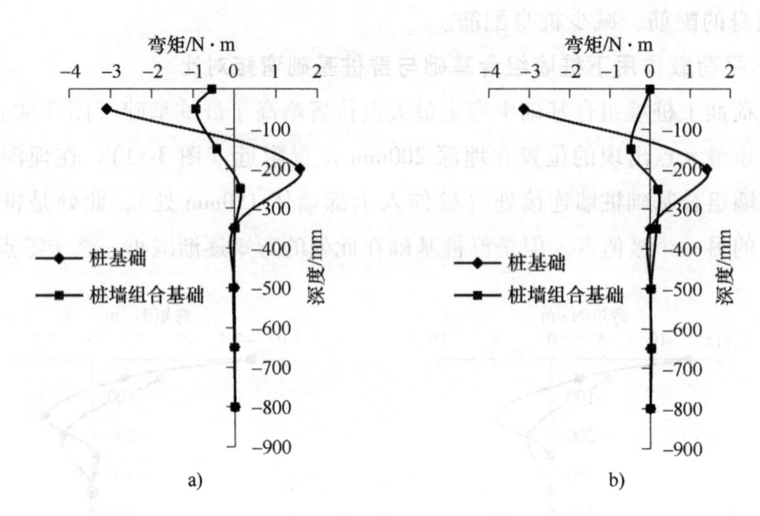

图 3-81 背荷面桩墙组合基础与群桩基础在 1kN 荷载下的弯矩对比图

a）背荷面中间一排弯矩 b）背荷面边上一排弯矩

图 3-82b 为桩墙组合基础的竖向位移，其背荷面竖向位移几乎为零，但是桩墙组合基础加载面的竖向位移却达到 6mm，说明桩墙组合基础在水平荷载下会围绕某一点发生旋转，造成桩墙组合基础向背荷面倾斜。所以在实际工程中，应特别注意桩墙组合基础的抗倾覆验算。

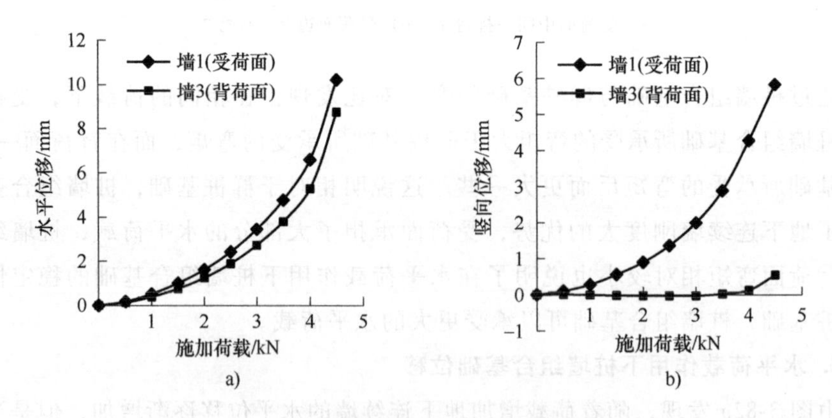

图 3-82 桩墙组合基础位移-荷载曲线

a）水平位移 b）竖向位移

4. 水平荷载作用下组合基础与群桩基础位移对比

对比图 3-83 与图 3-84 可以看出，群桩基础在受水平荷载的情况下，受荷一侧与另一侧无论是水平位移还是竖向位移差别较小。根据 JGJ 94—2008《建筑桩基技术规范》，水平受荷桩（即群桩）承载力的极限位移标准为 10mm，由图 3-83a 得到对应的荷载值为 1.5kN，此时整个群桩基础竖向位移为 0.5mm，说明桩基础在水平荷载下不会发生旋转或倾斜。由于桩身尺寸受限，群桩基础受到的被动土压力相对较小，所以在水平荷载作用下群桩基础会发生滑移，而不会发生倾斜破坏。

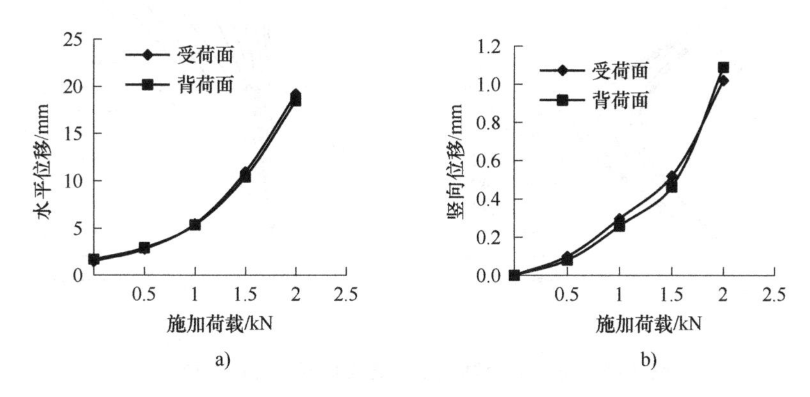

图 3-83 群桩基础位移-荷载曲线

a）水平位移 b）竖向位移

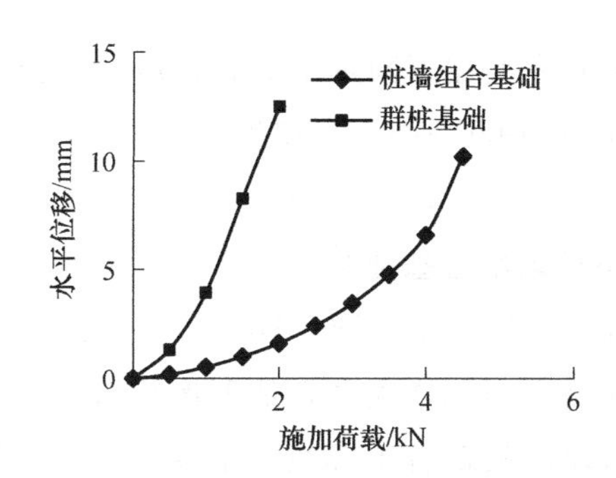

图 3-84 群桩基础与桩墙组合基础位移对比

5. 土压力分布

如图 3-85 所示，不同水平荷载下组合基础地下连续墙部分土压力分布曲线，随着水平荷载的增加，地下连续墙侧土压力随之增加。在受荷面一侧，在桩墙组合基础顶部土压力为零。随着深度增加，土压力增大，在地下连续墙沿深度方向的中间部位达到土压力最大值，随后减小并在桩墙连接处附近趋于零。在背荷面一侧，土压力在桩墙组合基础顶部最大，随着水平荷载的增加逐渐消散，土压力随着深度增加逐渐减小并在桩墙连接处减小至零。所以，水平荷载作用下的桩墙组合基础不仅受到被动区被动土压力的影响，同样也受到主动区主动土压力的作用，并且可以忽略桩身附近土压力的影响，只考虑地下连续墙周围的土压力。

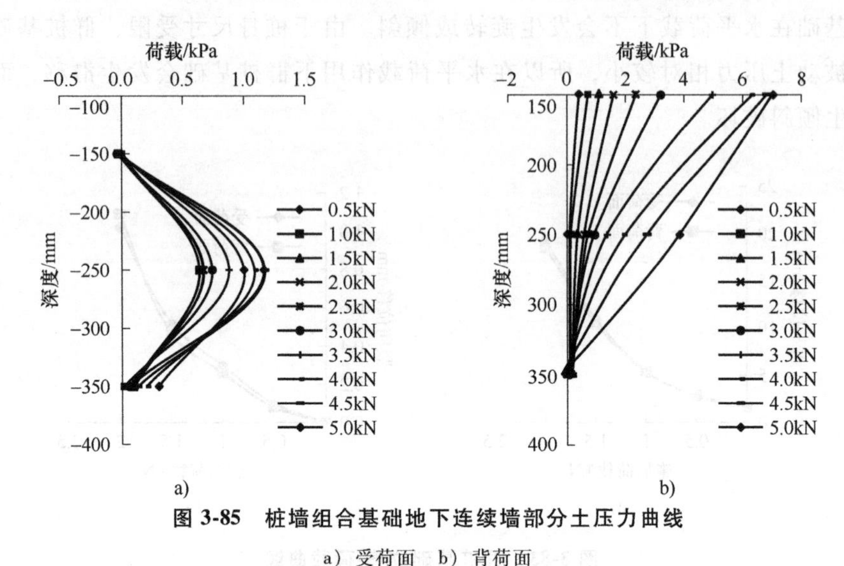

图 3-85　桩墙组合基础地下连续墙部分土压力曲线

a）受荷面　b）背荷面

3.3.3　250mm×250mm×800mm 小尺寸模型试验数据分析

试验主要探究小尺寸模型在不同水平荷载作用下的受力与变形规律。并与400mm×400mm×1000mm 模型在弯矩、桩墙组合基础顶部水平位移与竖向位移做对比，探究尺寸变化对桩墙组合基础的影响。

1. 水平荷载作用下桩墙组合基础弯矩分析

根据桩墙组合基础的弯矩分布（图 3-86）可以看出在桩墙组合基础受荷面以及背荷面，弯矩沿深度方向先增大并在地下连续墙中间部位达到最大值，然后弯矩迅速减小，在桩墙刚接部分上部减小至零。随后，弯矩迅速增大并在桩墙刚接附近达到最大值，然后逐渐减小，至桩身底部时弯矩很小，所以桩起到一定的嵌固作用。

在受荷面一侧，水平荷载达到 3kN 时，桩墙连接处弯矩达到 1.5N · m 左右，而地下连续墙部分最大弯矩也为 1.5N · m 左右，此时，桩墙连接处弯矩与地下连续墙部分弯矩相差不大。在背荷面情况类似。所以，当组合基础尺寸缩小后，最不利点也仍然在地下连续墙中间与桩墙刚接部位，但是桩墙连接处分担的弯矩比大尺寸模型时大许多。这是由于尺寸减小以后，墙身刚度与桩身刚度的比值减小，从而改变受力情况，使得桩身分配到更大的弯矩。

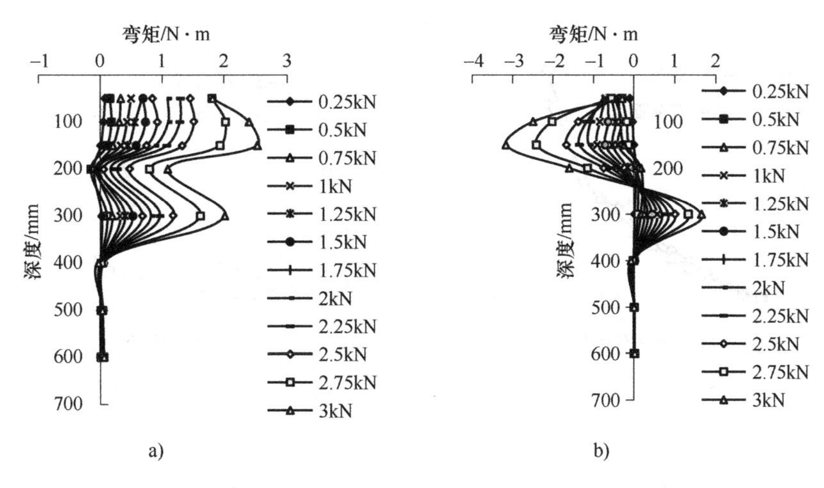

图 3-86　桩墙组合基础弯矩-深度曲线（小尺寸）

a）受荷面　b）背荷面

2. 水平荷载作用下桩墙组合基础位移分析

通过墙顶水平位移（图 3-87）可以看出，组合基础在 2.5kN 时斜率增大，基础迅速破坏。在 0~2.5kN 阶段，受荷面与背荷面位移几乎为线性变化，并且位移差别较小。但是达到 2.5kN 之后，受荷面水平位移逐渐大于其背面的位移。说明随着荷载增大，被动区土体逐渐产生剪切破坏，桩墙组合基础倾斜。

通过墙顶竖向位移（图 3-88）可以看出，两面墙竖向位移皆为一个方向的位移且受荷面的竖向位移最大达到 6mm，明显大于背荷面 1mm 的竖向位移。这说明，尺寸缩小后组合基础在受水平荷载时依旧发生了倾斜，受荷面倾斜大于背荷面。整个桩墙组合基础有被拔出的趋势，所以，在设计时不仅要控制桩墙组合基础的水平位移，还应控制桩墙组合基础受荷一侧的倾斜率。

3. 相同水平荷载下小尺寸与大尺寸组合基础弯矩对比分析

大尺寸模型 0~400mm 为地下连续墙，以下为桩基础。小尺寸模型 0~250mm 为地下连续墙，以下为桩基础。在 2kN 水平荷载作用下，对比不同尺寸的桩墙组合基础弯矩图（图 3-89 和图 3-90）可以发现，虽然桩墙组合基础的尺寸有所变化，但是其弯矩趋势基本相同。桩墙组合基础尺寸减小后，其受荷面的背面弯矩趋势基本相同。但墙身弯矩减小，桩墙刚接部位与桩身弯矩增大。桩墙组合基础受荷面弯矩差距较大，小尺寸模型地下连续墙并未起到有效作用。这说明，当桩径不变时，减小墙身尺寸会减小墙身刚度，弱化地下连续墙自身抗力，从而使桩承担了更大的弯矩，所以桩墙组合基础的墙身尺寸不宜过小。

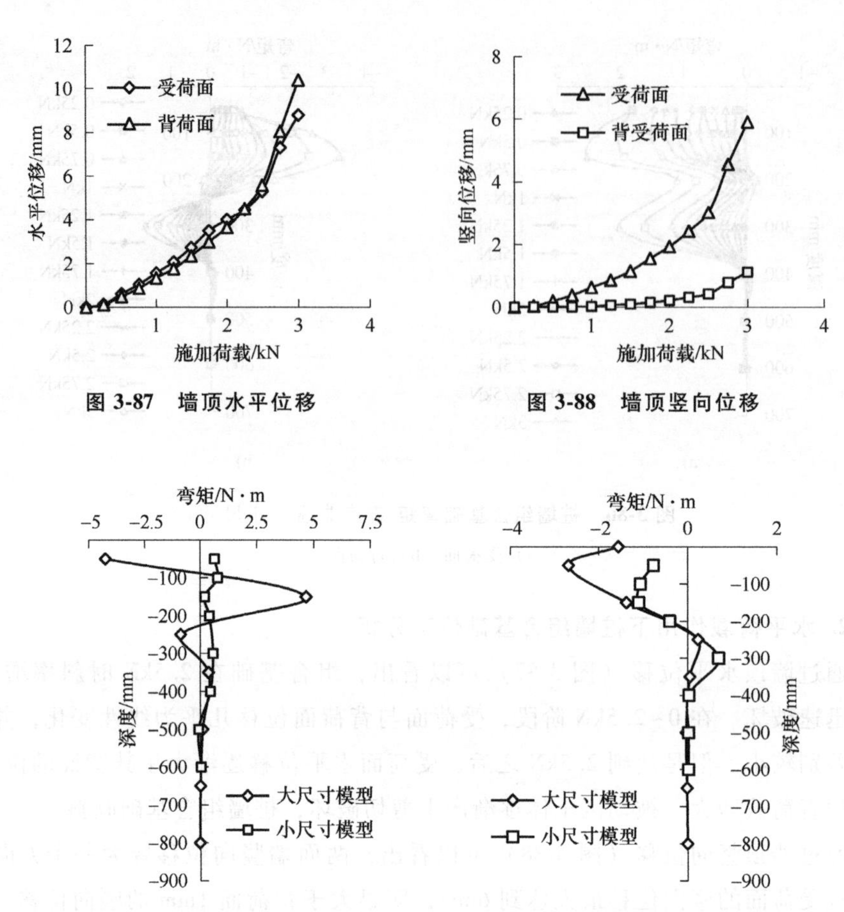

图 3-87 墙顶水平位移

图 3-88 墙顶竖向位移

图 3-89 桩墙组合基础受荷面弯矩

图 3-90 桩墙组合基础背荷面弯矩

两种尺寸的桩墙组合基础埋深在 500mm 以下弯矩几乎都为零。可见桩墙组合基础存在一个有效高度，即桩顶荷载未能有效传递至桩端，仅传至桩身某一位置的长度，所以超过此范围的桩身几乎不受力，因此在配置桩墙组合基础钢筋时可以在增加上部的配筋率的同时减小下部的配筋率。

4. 相同水平荷载作用下小尺寸与大尺寸桩墙组合基础位移对比分析

图 3-91 与图 3-92 为两种尺寸的组合基础模型在基础顶部水平位移的对比。从图中可以看出，大尺寸模型的水平极限承载力是 4kN 左右，而小尺寸模型仅为 2.5kN 左右。相同荷载作用下，大尺寸模型的水平位移明显小于小尺寸模型，所以，增加桩墙组合基础尺寸可以有效地增强组合基础的水平承载性能。

图 3-93 与图 3-94 为两种尺寸的桩墙组合基础模型在基础顶部竖向位移的对比。从图中可以看出，在水平荷载为 2.5kN 时，受荷面一侧小尺寸模型的竖向

位移为 3mm 左右，大尺寸模型竖向位移仅为 1.0mm 左右。在背荷面一侧，小尺寸模型的竖向位移达到 0.4mm 左右，而大尺寸模型几乎没有竖向位移。可见，当荷载达到一定数值后，尺寸较小的桩墙组合基础不仅发生了明显倾斜，而且还有整体被“拔出”土体的趋势，但是尺寸较大的模型仅仅发生轻微的倾斜，所以，增大尺寸可以有效增强组合基础抗倾覆的能力，增强组合基础的稳定性。这是由于桩墙组合基础地下连续墙部分尺寸较大会增加与土的接触面积，增大其摩阻力可以阻止由于桩墙组合基础的倾斜，并且桩身长度较长也起到了很好的嵌固作用。

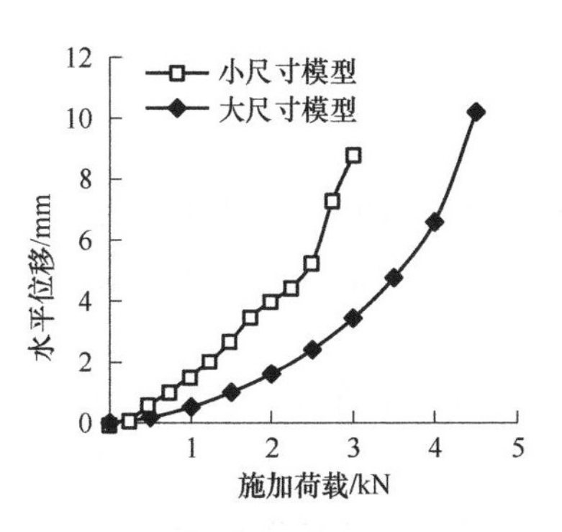

图 3-91　桩墙组合基础受荷面水平位移对比图

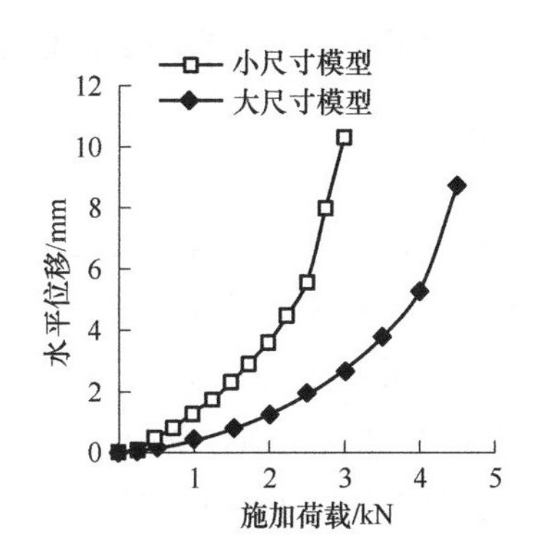

图 3-92　桩墙组合基础背荷面水平位移对比图

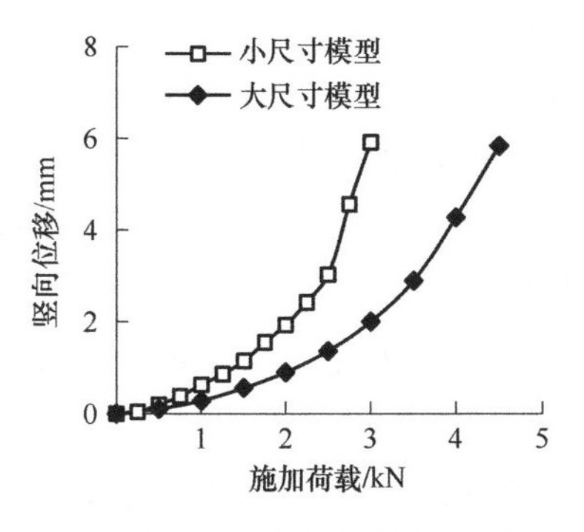

图 3-93　桩墙组合基础受荷面竖向位移对比图

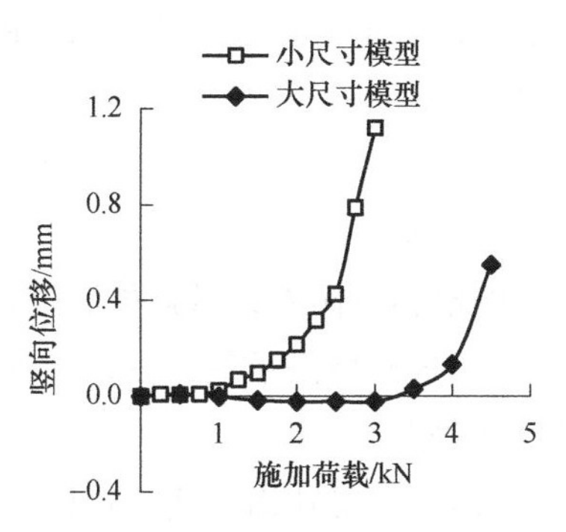

图 3-94　桩墙组合基础背荷面竖向位移对比图

3.3.4　模型试验与理论分析结果对比

由于室内试验条件受限，在桩墙组合基础的变形方面只监测了桩墙组合基础顶部的位移变化趋势，此结果（图 3-87）与理论分析得到的结果（图 2-17）一致，桩墙组合基础顶部的位移都是随着水平荷载增加而增加，并且水平荷载在一定范围内，其位移基本成线性增加。

通过理论计算的弯矩趋势（图 2-18）与室内模型试验结果（图 3-86）对比可知，通过“m”法计算的弯矩与室内模型试验在趋势上具有一致性，墙身弯矩逐渐增大并在桩墙连接处达到最大值，并且桩身受力很小。有出入的地方在于，室内模型试验得出的结果在墙身会出现弯矩的峰值，但是理论分析的结果此处的弯矩一直增大，这是由于“m”法不考虑土体非线性等影响因素，但是，总体来说室内模型试验结果与数值模拟结果的变化规律相接近。

3.3.5 小结

根据试验目的进行试验，通过室内模型试验研究不同尺寸桩墙组合基础中构件的内力变化规律、基础顶部变形特性，并与群桩基础、第 2 章理论分析结果做比对。根据上述试验可知：

1）随着荷载的增加，墙身与桩身弯矩、桩墙组合基础顶部位移以及土压力逐渐增大。桩墙组合基础尺寸发生变化后，弯矩分布趋势基本相同，但是当桩墙组合基础尺寸较大时，最大弯矩出现在地下连续墙延深度方向的 1/2 处；当桩墙组合基础尺寸较小时，桩墙连接处弯矩最大。

2）通过不同尺寸的桩墙组合基础受力情况的对比发现，当桩墙组合基础的高度超过一定数值后，超出部分的基础弯矩几乎为零。

3）随着水平荷载的增加桩墙组合基础顶部的位移呈线性发展，当水平荷载超过其水平极限后，桩墙组合基础变形速率突然增加，迅速破坏。桩墙组合基础不仅会发生水平滑移也会发生倾斜破坏。增加桩墙组合基础尺寸可有效限制组合基础的滑移与倾斜，增强桩墙组合基础的稳定性。

4）通过水平极限承载力分析，桩墙组合基础的水平承载力是相同尺寸的群桩基础的 4 倍左右。

5）土压力在受荷面一侧，在桩墙组合基础顶部为零，在地下连续墙沿深度方向的中间部位达到最大值，随后减小并在桩墙连接处附近趋于零。在背荷面一侧，土压力在桩墙组合基础顶部最大，随后土压力呈线性减小，在桩墙连接处减小至零。

第4章 数值模拟

随着计算技术的发展以及人们对工程设计建造要求的提高，利用数值模拟计算的方法分析工程结构的受力特性越来越受到重视，通过数值模拟软件进行建筑结构受力分析得到了较为广泛的应用。20 世纪 60 年代有限元理论分析法逐渐成为专家学者较为信赖的数值模拟分析方法，从理论上讲，岩土工程有限元软件要涵盖丰富的本构模型来模拟土体的非线性及时间相关行为，PLAXIS 3D 软件不仅可以模拟土体，还可以模拟各种建筑结构，包括土体与结构之间的互相作用。PLAXIS 3D 作为一款成熟的岩土工程有限元软件，其凭借简捷明了的操作流程、稳定高效的计算运行内核和良好的收敛性等特点广受设计人员欢迎。

PLAXIS 软件是由荷兰代尔夫特工业大学在 1987 年研发出的一款专门用于岩土工程分析运算的有限元软件，该软件研发初期主要为了解决荷兰地区特殊软土的岩土模拟分析问题。PLAXIS 3D 作为一套专业的三维岩土有限元软件，实用性较强，应用较广泛。PLAXIS 3D 采用图形化的用户界面，既方便又快捷，且操作流程简单、清晰，适用性广。PLAXIS 3D 具有强大的建模与分析功能，包含多种经典及高级的本构模型，可较精确地模拟岩土的应力、变形、稳定等问题，对于结构及施工过程复杂的岩土问题可以得到很好的解决，且复杂的水力条件、动力荷载等问题均可考虑。

PLAXIS 3D 引入了土体硬化模型（HS）和小应变土体硬化模型（HHS），随着技术的不断发展已拥有十余种专业化岩土本构模型，如线弹性模型（LE），并广泛应用于多种岩土工程项目类型中，可对基坑、隧道、挡墙、基桩、边坡等工程进行分析。PLAXIS 3D 软件计算范围广泛，运算高效、结果可靠，界面友好、操作便捷，能模拟各种复杂的岩土结构及施工过程，可同时考虑结构与土体介质之间的互相作用，以及复杂的水力、动力荷载等条件的影响。

4.1 数值模型的建立

4.1.1 本构模型的选取

本章为了更好地模拟并研究桩墙组合基础的力学行为，在土体本构模型的选取中选择了二阶高级本构模型——土体硬化模型（Hardening Soil model），如图 4-1 所示。该模型属于双曲线弹塑性模型，相对于摩尔-库伦模型（Mohr-Coulomb model），其考虑了土体刚度与应力路径相关的特性，同时它还考虑了压缩硬化。土体硬化模型可用于模拟多种土体（如砂土、碎石土、淤泥质黏土等），能够给出相对合理的桩墙受力变形和基础周围土体变形情况，但不能考虑土的剪胀性和结构软化特点。

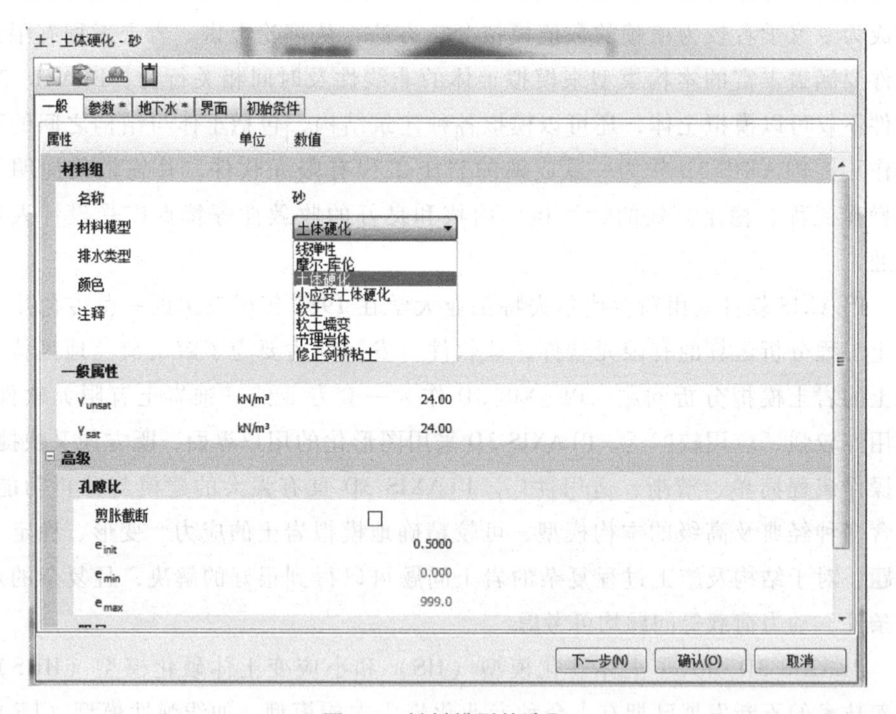

图 4-1 材料模型的选取

4.1.2 材料单元的选取

PLAXIS 3D 软件中的结构单元一般包括土体单元、板单元、梁单元、Embedded 桩单元以及界面单元等。本章所用土体单元采用 10 节点空间四面体土体单元（图 4-2）。

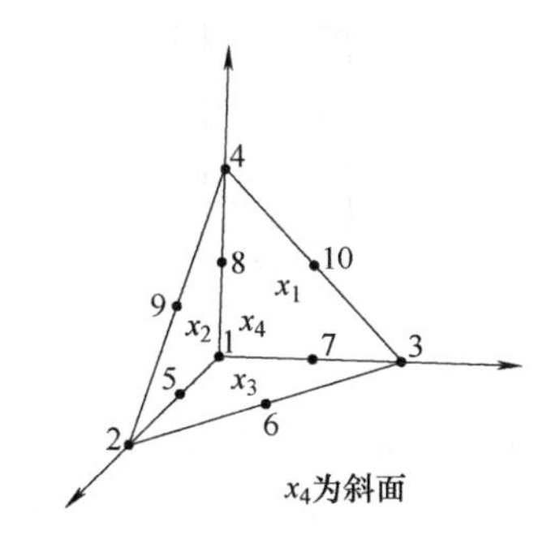

图 4-2　10 节点空间四面体土体单元

（1）板单元　组合基础中的地下连续墙可以用板单元来模拟。因为板单元是零厚度的面单元，本身直接与土体单元重叠，所以竖直的板单元在模拟过程中没有端承载力。为了考虑板底部的端承载力，可将板底部一定范围内的土体看作弹性区，该弹性区大小定义为

$$D_{eq}=\sqrt{12EI/EA} \tag{4-1}$$

板单元的正向轴力和弯矩如图 4-3 和图 4-4 所示。

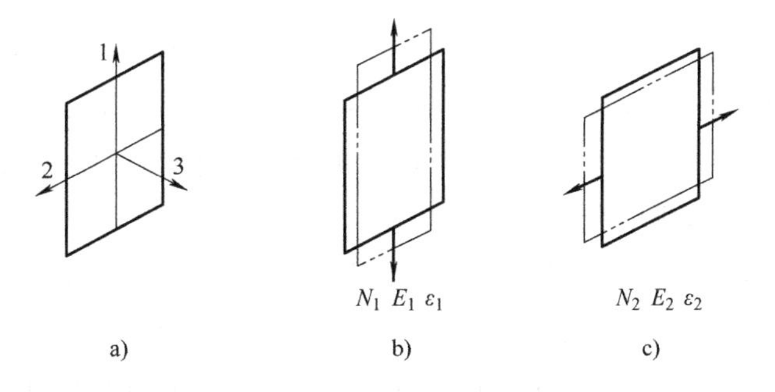

图 4-3　板单元的正向轴力 N

a）板局部坐标系　b）轴力 N_1　c）轴力 N_2

（2）Embedded 桩单元　桩墙组合基础模型下部桩体采用 Embedded 桩单元（图 4-5），Embedded 桩单元由梁单元和梁与土体之间的特殊界面单元组成，它通常有一般、几何和动力三种属性，其中一般属性指的是桩体材料的重度 γ 和弹性模量 E。因为 Embedded 桩单元本身同样不占任何体积而是直接覆盖在土体单元上，所以通常在设置桩重度 γ 时要减去土体的重度。

根据 Embedded 桩的几何属性，桩周弹性区的等效半径 R_{eq} 为

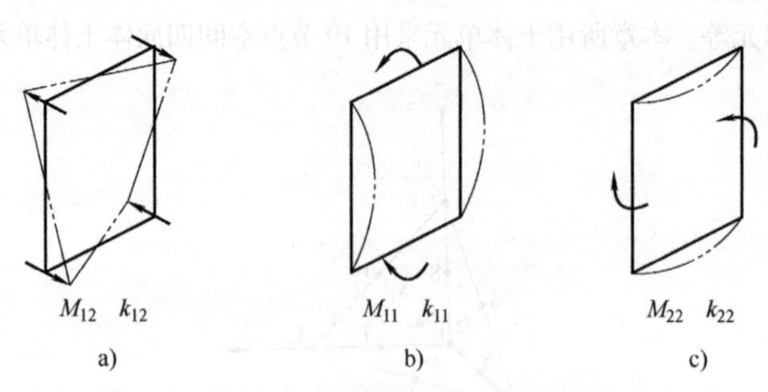

图 4-4　板单元的正向弯矩 M

a）扭矩 M_{12}　b）弯矩 M_{11}　c）弯矩 M_{22}

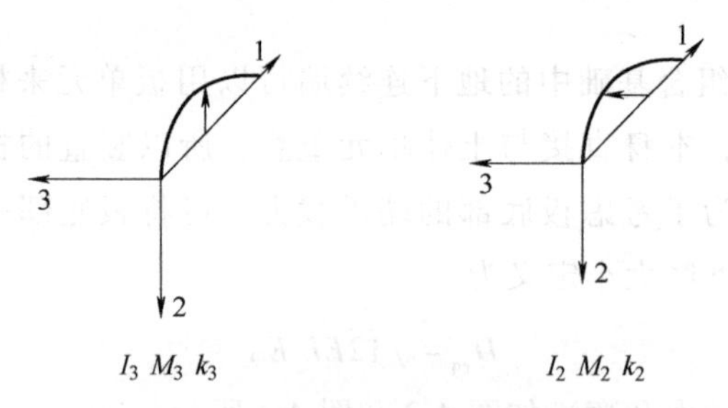

图 4-5　Embedded 桩单元的正弯矩

$$R_{eq}=\max\left[\sqrt{(A/\pi)},\sqrt{(2I_{avg}/A)}\right]\qquad 其中，I_{avg}=(I_2+I_3)/2 \tag{4-2}$$

Embedded 桩单元的基本参数一般包括桩的刚度、桩端反力、桩侧摩阻力等。另外，Embedded 桩单元相对于普通梁单元没有非线性结构参数，设置各项参数的属性窗口，如图 4-6 所示。

(3) 界面单元　一般认为界面单元的属性与其附近土体所取的模型参数有关。界面由 12 节点界面单元组成，并利用界面强度折减系数 R_{inter} 来模拟土与结构单元之间的互相作用的节理单元，R_{inter} 将土体强度与界面强度相互联系起来。由于该模型为土体硬化模型，因此界面强度折减系数 R_{inter} 是能确定界面单元属性的一个关键参数。R_{inter} 通常有刚性、手动和手动操作残余强度三种设置，如图 4-7 所示。

1）刚性（rigid），即 $R_{inter}=1.0$。如果强度选项设置为刚性，不应该再次折减位置界面的强度，这时的界面属性除了泊松比之外都与周围土体完全相同。

2）手动（manual），即 $R_{inter}<1.0$。此时可手动输入 R_{inter} 值，如果无相关工程经验，可参考文献按照 $R_{inter}=2/3$ 取值，强度折减系数的取值关键在于结构材料和土层材料的特征（接触面的粗糙程度）。

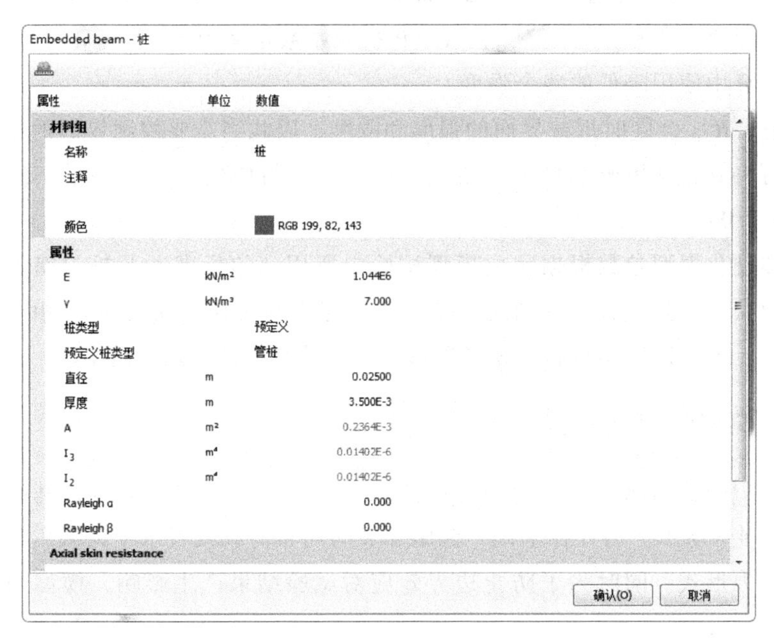

图 4-6　Embedded 桩单元属性窗口

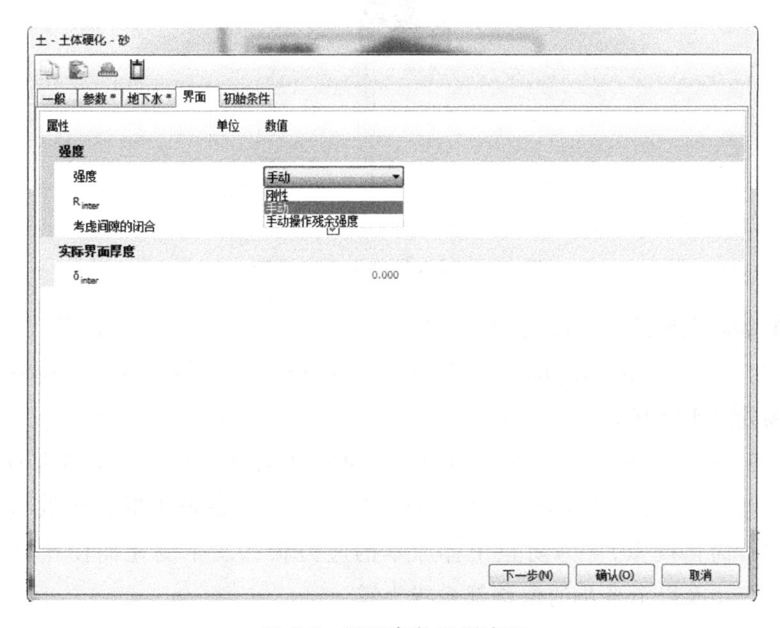

图 4-7　界面参数设置窗口

3）手动操作残余强度（manual with residual strength）。如果在设置界面强度时选择“手动操作残余强度”，就可以将折减系数定义为 $R_{inter, residual}$。但不建议在安全性计算中使用降低的残余强度。

注意：R_{inter}会同时折减界面的强度和刚度，因此当需要控制界面的某一个属性时，可将其属性更改为自定义模式，操作方法与创建土层属性是一致的（此时 $R_{inter}=1.0$）。

土体硬化模型参数根据室内模型试验中所用到的标准砂及桩、墙等材料的物理参数获得。其中，针对创建的钻孔土层建立与土层（标准砂）相对应的材料组，桩、地下连续墙材料模型各参数取值按照具体试验需要选取。

4.1.3 模型的建立步骤

模型中的桩和地下连续墙的连接方式为刚接，其目的是使组合基础成为整体，如图 4-8 所示。另外在基础一侧施加竖向均布荷载或者水平荷载，用来模拟基础的受力形式。同时为了防止边界效应对试验结果产生影响，模型周围土体取 5 倍模型尺寸。

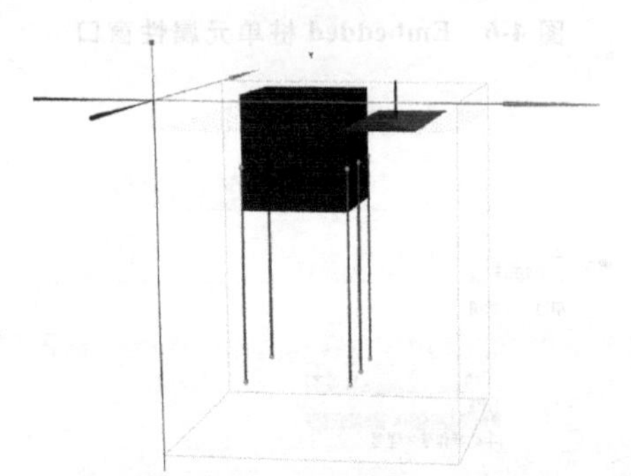

图 4-8 组合基础模型示意图

根据室内模型试验将数值模型分为 4 步进行模拟，具体顺序如下：

1）初始阶段（initial phase）：使用“K_0 过程”生成初始应力，使整个模型的应力场处于平衡状态。

2）施工组合基础结构：激活结构板桩单元（除顶板之外）及侧板的正负向界面，以此模拟组合基础的施工（注意这里的施工只是采用折算等效荷载的线弹性体进行简化模拟）。为防止土体原本的应力状态发生变化而使土体产生位移，应将该步及以下各步的位移都重置为零。

3）将模型箱内土体填满并封顶：激活模型箱内部土体单元且保证该土体被指定为“砂土”材料，激活顶板，并重置位移为零。

4）施加荷载：激活竖向均布荷载或水平荷载，设置荷载参数与室内模型试验施加的荷载大小一致，并重置位移为零。

当分析不同荷载作用下的桩墙组合基础受力变形时，只需要修改第4）步中的荷载参数大小即可。

4.1.4 网格生成

建立好几何模型后需要生成有限元网格，将几何模型分为若干个单元，网格划分越细得到的数值结果越精确，但应注意根据计算需要划分，避免网格划分太细导致模型计算时间过长。PLAXIS 3D中的网格土体单元通常为10节点空间四面体单元，除此之外采用6节点三角形板单元模拟组合基础模型中的板单元、采用Embedded桩3节点线单元模拟桩单元，在生成网格时PLAXIS 3D会自动考虑土层、模型结构、荷载的影响，对于应力集中且较大或变形较大的位置，如地下连续墙、桩以及荷载范围等应生成较细密的有限元网格，其他位置用粗网格划分（图4-9），这样既保证了所研究的基础模型网格的精细，也节约了计算时间。

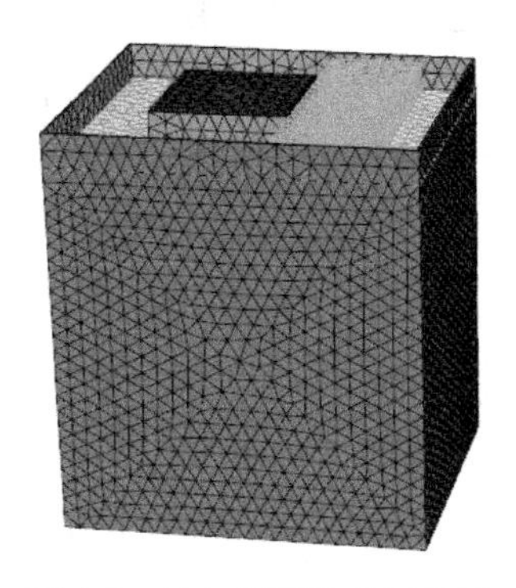

图4-9 几何模型网格划分图

4.1.5 生成初始条件

无论何种有限元分析软件，都要考虑初始应力的问题。在PLAXIS 3D中可生成初始应力状态的方法有“K_0过程”或“重力加载”。通常在土层与地表保持同一水平线时可使用“K_0过程”，除此之外使用“重力加载”。

K_0指的是水平有效应力与竖直有效应力的比值，PLAXIS 3D中可以同时定义x方向和y方向两个K_0值，即

$$K_{0,x}=\frac{\sigma'_{xx}}{\sigma'_{zz}},K_{0,y}=\frac{\sigma'_{yy}}{\sigma'_{zz}} \tag{4-3}$$

根据 Jaky 经验公式［式（4-4）］可计算摩尔-库伦模型模拟土体下的 K_0 值，而当采用土体硬化模型时，K_0 值还需要考虑预超载压力或受超固结比的影响。

$$K_{0,x}=K_{0,y}=K_0^{\mathrm{nc}}\mathrm{OCR}-\frac{v_{\mathrm{ur}}}{1-v_{\mathrm{ur}}}(\mathrm{OCR}-1)+\frac{K_0^{\mathrm{nc}}\mathrm{POP}-\frac{v_{\mathrm{ur}}}{1-v_{\mathrm{ur}}}\mathrm{POP}}{|\sigma_{zz}|} \tag{4-4}$$

完成“K_0 过程”计算后，土体自重被激活，初始应力状态生成，进行组合基础模型的计算。

4.2 堆载下桩墙组合基础的数值模拟研究

4.2.1 数值模型的建立

1. 模型尺寸信息

桩墙组合基础的上部为地下连续墙，其水平方向上的长度为 5m、宽度为 3m，竖直方向上的高度为 3m、墙厚为 1m；桩墙组合基础下部桩长为 7m，采用直径为 0.8m 的混凝土桩，上下串联方式，连接部分采用刚接。为了避免边界效应的影响，整体模型周围土体尺寸取 3 倍模型尺寸。

2. 模型的边界条件

根据实际工程中的受力情况和周围土体对组合基础的影响效果等因素，模型采取的位移边界条件为组合基础及周围土体顶部自由，模型底部的边界条件为限制 z 方向的位移，模型 x、y 方向上采用水平方向的固定边界。

3. 模型的材料参数

地下连续墙、桩和周围土体均采用 8 个节点的实体六面体单元进行模拟，模型包括 372124 个网格节点、105992 个单元。实体单元能很好地满足模型试验的弹性以及理想弹塑性的要求，依据弹性理论和勘察报告中给出的压缩模量，定义模型的材料参数，见表 4-1 和表 4-2。

表 4-1　土体的物理力学参数

土体名称	体积模量 K/MPa	剪切模量 G/MPa	黏聚力 c/kPa	摩擦角 φ/(°)	密度 ρ/(kg/m³)
黏土	38	17	30	20	1550

表 4-2　桩墙组合基础的物理力学参数

体积模量 K/MPa	剪切模量 G/MPa	泊松比 μ	墙身厚度/m	桩直径/m	密度 ρ/(kg/m^3)
21000	15700	0.2	1	0.8	2500

4.2.2　数值计算工况

分析桩墙组合基础在堆载作用下的工作机理，讨论 6 种工况（表 4-3）下的影响因素对桩墙组合基础水平位移以及内力影响的规律。

表 4-3　模型数值模拟工况

工况	堆载等级/kPa	墙桩长度比	有无竖向荷载/kPa	桩径/m	堆载面积/m^2	堆载距离/m
工况 1	200、400 600、800	3∶7	0	0.8	8	0.5
工况 2	600	2∶8、3∶7 4∶6、5∶5	0	0.8	8	0.5
工况 3	600	3∶7	30	0.8	8	0.5
工况 4	600	3∶7	0	0.8、0.6 0.4	8	0.5
工况 5	600	3∶7	0	0.8	4、6 8、10	0.5
工况 6	600	3∶7	0	0.8	8	0、0.5 1、1.5

4.2.3　数值计算结果分析

1. 不同堆载等级对桩墙组合基础水平位移与内力的影响

堆载作用下对桩墙组合基础的受力性状分析基本上可以分为两种情况：一是桩墙组合基础旁侧受堆载作用，对周围土体产生一个附加应力，在堆载的受荷作用下会对原有已固结土体产生一个压缩状态，从而转化成竖向变形的产生；二是地面堆载会使地基土体产生侧向变形，土体与桩墙组合基础之间的相对位移会对桩墙组合基础产生一定的水平推力作用，造成桩墙组合基础的水平位移和弯曲变化。

考虑不同堆载等级的影响，对桩墙组合基础的水平位移以及弯矩进行研究，由图 4-10 可以看出，在不同堆载等级作用下，桩墙组合基础的水平位移主要发生在中上部；当堆载等级较小时，桩墙组合基础顶部向堆载区域方向偏移，最大水平位移出现在地下连续墙与桩的连接处；随着堆载等级的增加，桩墙组合基础顶部的水平位移逐渐向外偏移，在地下连续墙与桩的连接处有一个明显的拐点；堆载等级不断增加，桩墙组合基础的水平位移也相应地增大，最大水平位移和拐点的位置几乎没有变化；不同堆载等级下，沿桩墙组合基础入土深度方向水平位移的分布形状基本相同。

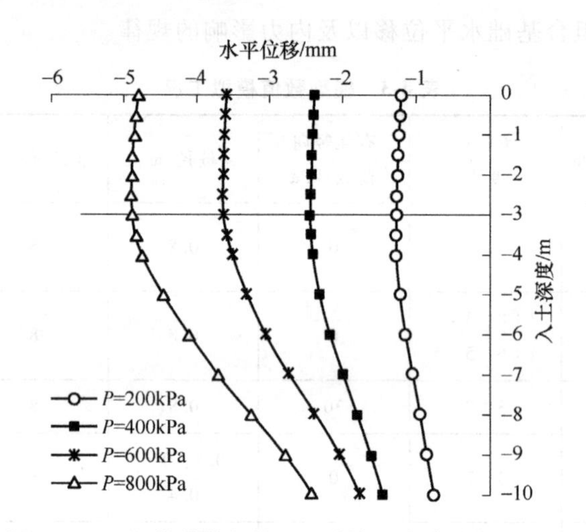

图 4-10　不同堆载等级作用下桩墙组合基础的水平位移

由图 4-11 可以看出，在不同堆载等级作用下，桩墙组合基础弯矩产生的部位主要位于中上部；随着入土深度的增加，桩墙组合基础的弯矩变化趋势为非线性变化；在桩墙组合基础上部出现弯矩的最大值，并且在地下连续墙与桩的连接部位出现第二个弯矩峰值，之后弯矩值逐渐减小并趋于稳定；随着堆载等级增大，桩墙组合基础沿入土深度截面弯矩也相应地变大。

出现以上水平位移和弯矩曲线的原因分析：堆载区域土体竖向位移远大于桩墙组合基础位置处的竖向位移，从而造成桩墙组合基础的顶部不是最大水平位移出现的位置。在堆载作用下，堆载作用力对桩墙组合基础旁侧周围土体形成附加应力，进而会对土体造成侧向位移和竖向位移的产生。土体的侧向位移引起土体与组合基础的相互作用，从而会对桩墙组合基础有水平推力和负摩阻力的产生（图 4-12），引起桩墙组合基础向远离堆载区域侧移，地下连续墙呈现刚性状态。由于旁侧堆载对下层土体中产生的附加应力随深度变化急速衰减，造成水平位移和弯矩绝大部分发生在组合基础中上部；堆载大小的增加，会加剧变形部分的弯曲挠度，组合基础挤土效应进一步发展，使得组合基础的屈曲变形更加明显。

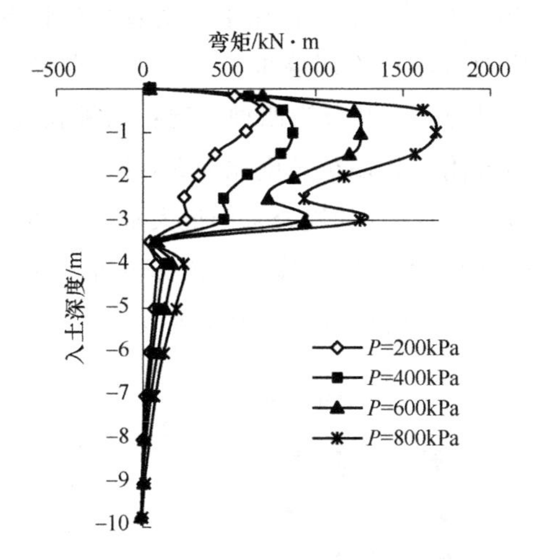

图 4-11　不同堆载等级作用下组合基础的弯矩

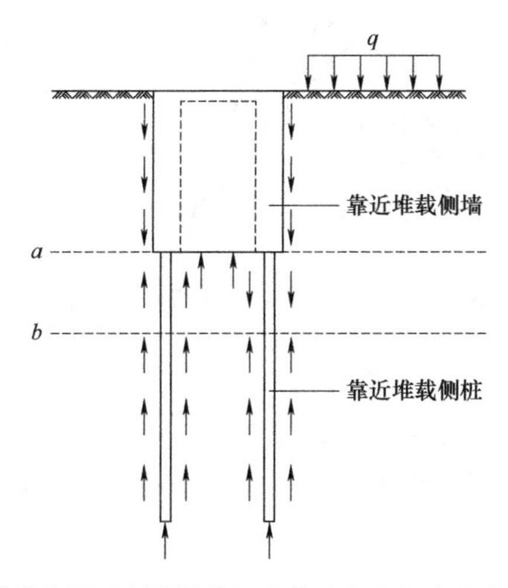

图 4-12　堆载作用下新型桩墙组合基础负摩阻力产生机理示意图

2. 不同墙桩长度比对桩墙组合基础水平位移与内力的影响

实际工程中，新型桩墙组合基础中地下连续墙高度与桩长的比例选取是一个关键性问题。桩墙组合基础中地下连续墙高度占比越大，桩墙组合基础的水平承载性能越高；但是从经济的角度考虑，应在满足水平承载力的前提下，选取耗材最少的比例方案。因此，根据桩墙组合基础模型的大小，假设在桩墙组合基础高度为10m的前提下，考虑不同墙桩长度比的影响，对桩墙组合基础的水平位移以及弯矩进行研究。

由图4-13可以看出，在同一堆载作用下，随着墙桩长度比的增大，桩墙组合基础的侧向变形相应地减小；不同墙桩长度比的组合基础反向位移最大值点存在差异，按照不同的组合方式共分为四种情况：墙桩长度比为2∶8的组合基础最大水平位移处于-2m附近；墙桩长度比为3∶7的组合基础最大水平位移处于-3m附近；墙桩长度比为4∶6的组合基础最大水平位移处于-4m附近；墙桩长度比为5∶5的组合基础最大水平位移处于顶部位置。随着墙桩长度比逐渐变大，最大水平位移部位与拐点的位置相应地发生改变。

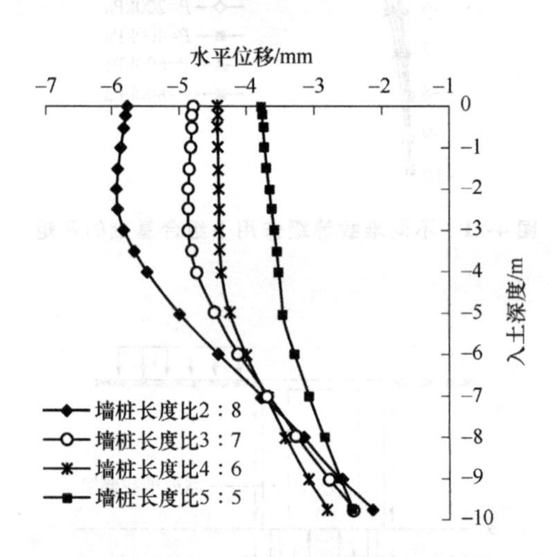

图4-13　不同墙桩长度比影响下桩墙组合基础的水平位移

由图4-14可以看出，不同墙桩长度比的弯矩变化曲线趋势大致相似，都是在组合基础上部出现最大弯矩值，在地下连续墙与桩连接部位出现第二个弯矩峰值。随墙桩长度比的不断增大，弯矩也相应地逐渐增大，同时拐点的位置发生变化。

对于此水平位移和弯矩的形成原因：墙桩长度比增大，桩墙组合基础的整体刚度相应地增大，水平承载力增大；墙桩长度比为2∶8和3∶7时，组合基础的整体刚度相对较小，由于堆载作用土体水平推力的影响造成在地下连续墙与桩的连接处桩墙组合基础的水平位移最大，随着墙桩长度比的增大，桩墙组合基础整体刚度进一步提高，水平承载力增大，桩墙组合基础抵抗水平位移的能力增强，水平位移相对减小，地下连续墙与桩承担的堆载作用力的比例也有所

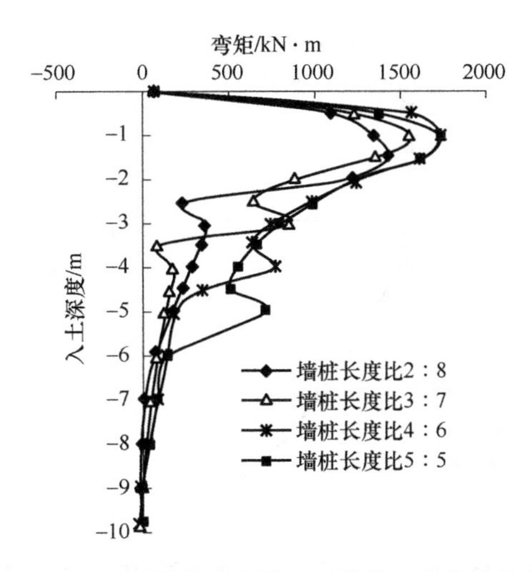

图 4-14　不同墙桩长度比影响下桩墙组合基础的弯矩

变化，地下连续墙承担水平推力的比例增大，抵消了很大一部分地基土的水平推力，使桩墙组合基础下部发挥作用有限。随着入土深度的增加，堆载产生的作用力逐渐消散，弯矩值逐渐趋于较小值。在地下连续墙与桩刚接处存在弯矩峰值是由两者与土体接触面积存在很大差异以及两者的刚度突变等因素造成的。

3. 竖向荷载对桩墙组合基础水平位移与内力的影响

由于组合荷载的复杂性，工程上考虑组合荷载对承载力的影响时，往往是单独分析竖向荷载作用下的承载力以及水平荷载作用下的抗弯性能；但实际工程中，仅仅受水平方向上推力的情况很少见，因此讨论在相同堆载等级作用下，桩墙组合基础顶部作用竖向荷载而其他参数不发生改变时对组合基础的水平位移以及弯矩的影响。

由图 4-15 和图 4-16 可以看出，相对于上部无竖向荷载作用的情况，竖向荷载的存在使桩墙组合基础的水平位移仅仅增大约 0.1mm，在水平位移图中两条曲线几乎重合。因此可知，竖向荷载的存在对堆载作用下水平位移的影响效果不明显。竖向荷载的存在使桩墙组合基础的弯矩值略有增加，桩墙组合基础最大弯矩的产生位置没有发生什么变化。

对于此水平位移和弯矩的形成原因：竖向荷载的存在使组合基础的受力状态发生了改变，竖向荷载产生的压应力可以抵消一部分堆载作用引起的桩墙组合基础弯矩的拉应力，同时竖向荷载也会造成桩墙组合基础挠曲变形的产生，两者作用相互抵消，所以水平位移变化不大。由于竖向荷载较小，对桩墙组合

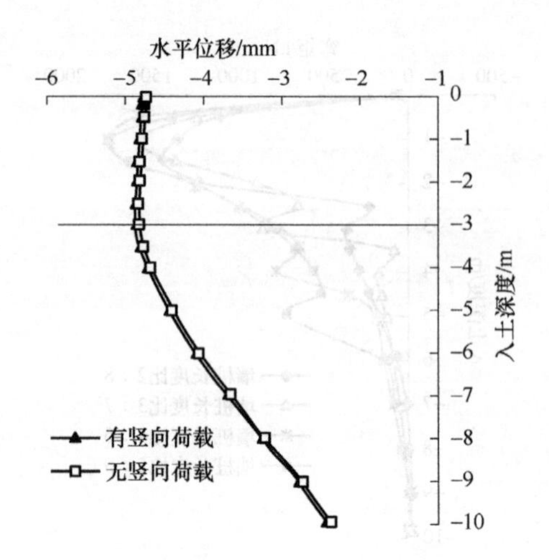

图 4-15　有无竖向荷载桩墙组合基础的水平位移

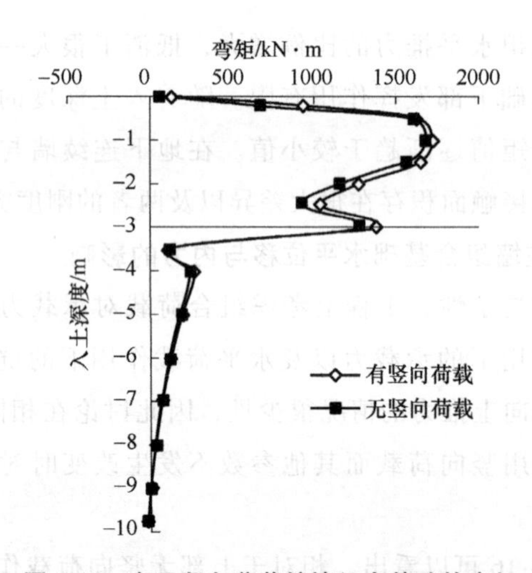

图 4-16　有无竖向荷载桩墙组合基础的弯矩

基础顶部约束作用有限，$P\text{-}\Delta$ 效应会导致桩墙组合基础整体的水平位移相对增大。基于 $P\text{-}\Delta$ 效应，竖向荷载的存在会对桩墙组合基础产生二次弯矩的影响，进一步加剧弯曲变形，使弯矩值变大，因此竖向荷载存在的情况下的弯矩大于无竖向荷载存在的情况。

4. 桩径对组合基础水平位移与内力的影响

在同一堆载等级作用下组合基础下部桩径的大小发生变化而其他参数不发生变化时桩墙组合基础水平位移以及弯矩分布，如图 4-17 和图 4-18 所示。

由图4-17和图4-18可以看出，桩径由0.4m、0.6m、0.8m逐渐增大，最大水平位移相应的变化为-4.8mm、-4.7mm、-4.2mm，并且幅度越来越大，即随着桩径的增大，桩墙组合基础的水平位移呈减小的趋势；随着桩径逐渐增大，桩墙组合基础的弯矩值相应地逐渐增大；桩墙组合基础的最大弯矩部位和拐点位置没有发生改变。

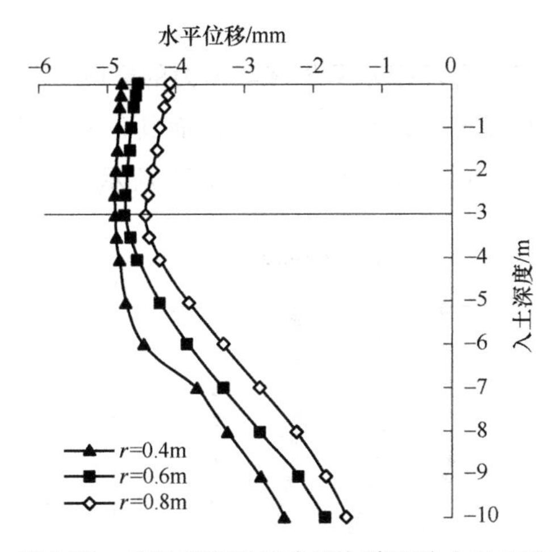

图4-17　桩径影响下桩墙组合基础的水平位移

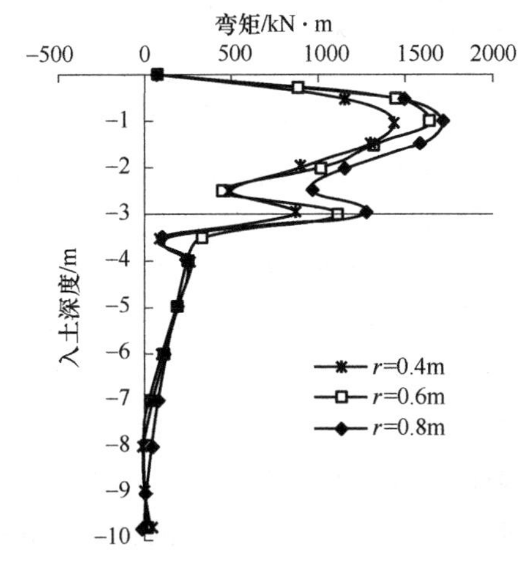

图4-18　桩径影响下桩墙组合基础的弯矩

对于此水平位移和弯矩的形成原因：当堆载等级相同时，桩径越大，桩土接触面积越大，地基土作用面积随之增大，桩抵挡土体运动的作用力相对增加，故弯矩随着桩径的增大而增大。同时，随桩径逐渐增大，桩墙组合基础横向刚度随之增大，相对于因桩径增大引起地基土对桩墙组合基础的作用面积增大的影响效果更加明显，水平承载力变大。但是通过增大桩径来提高水平承载力的效果是有限的。因为堆载作用下桩墙组合基础的水平位移控制主要由上部的地下连续墙承担，桩对桩墙组合基础水平位移的分担比较小，过多地增大桩径，对控制桩墙组合基础水平位移的效果有限，必然造成下部桩得不到充分利用，进而带来浪费。

5. 堆载面积对桩墙组合基础水平位移与内力的影响

在同一堆载等级作用下堆载面积发生变化而其他参数不发生变化时桩墙组合基础水平位移及弯矩分布，如图 4-19 和图 4-20 所示。

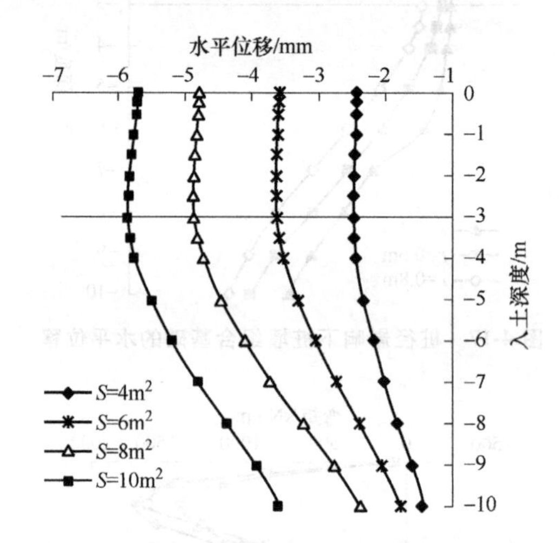

图 4-19　堆载面积影响下桩墙组合基础的水平位移

由图 4-19 可以看出，在同一堆载等级作用下，随着堆载面积的增大，水平位移相应增大，说明堆载面积变化影响侧向压力的改变；并且随着堆载面积的逐渐增大，水平位移趋势为先是变化幅度很大，之后逐渐趋于平缓状态；当堆载面积增加到一定数值后，堆载面积对桩墙组合基础水平位移影响趋于稳定。堆载引起的附加应力逐渐向深层土体传递，对上层土体影响减弱。相同的堆载等级影响下，沿组合基础入土深度的水平位移的分布形状基本相同；同时，桩墙组合基础的最大水平位移出现的深度和拐点的位置没有发生变化。

由图 4-20 可以看出，在相同堆载作用下，随着堆载面积的逐渐增大，桩墙组合基础沿入土深度方向上的弯矩也整体呈现增大的趋势；不过随堆载面积的逐渐增大，桩墙组合基础上部的弯矩最大值的变化趋于稳定，变化幅度较小；对于地下连续墙与桩连接部位的弯矩值，则随着堆载面积的增大相应增大。

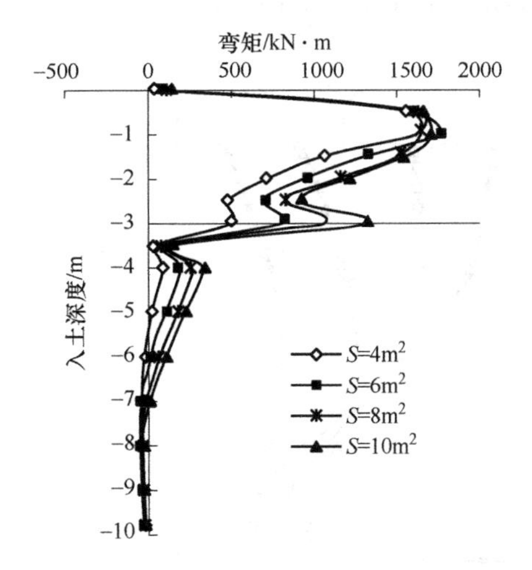

图 4-20 堆载面积影响下桩墙组合基础的弯矩

对于此水平位移和弯矩的形成原因：当堆载面积较小时，桩墙组合基础周围土体表现为弹性状态；当堆载面积较大时，上部土体产生塑性变化，附加应力相应地向下发展，对下部土体的影响更加明显。堆载面积的增大，也就意味着堆载区域受到的荷载变大，使得桩墙组合基础受到的侧向压力增大，产生的水平推力效果也相应地更加显著，从而引起桩墙组合基础的水平位移和弯矩的增大；当堆载面积达到一定数值后，堆载作用引起的土层应力大部分传向堆载区域下部的深层地基，同时由于上部桩墙组合基础自身的变形和组合基础内侧、背侧土体的相互作用抵消了一部分附加应力，侧向附加应力对旁侧的桩墙组合基础带来的影响明显减小，所以继续扩大堆载面积对桩墙组合基础的水平位移和内力改变造成的影响相对减弱。

6. 堆载距离对桩墙组合基础水平位移与内力的影响

在同一堆载等级作用下堆载区离桩墙组合基础的距离发生变化而其他参数不发生变化时桩墙组合基础水平位移及弯矩分布，如图 4-21 和图 4-22 所示。

由图 4-21 和图 4-22 可以看出，随着堆载区域距离桩墙组合基础越来越远，桩墙组合基础上部的水平位移逐渐变小，下部的水平位移相对地增大；桩墙组合基础的最大水平位移部位随着堆载距离的变化而变化；堆载区域的距离由 0、0.5m、1m、1.5m 逐渐增大，桩墙组合基础顶部的水平位移相应地变化依次为 −4.7mm、−3.8mm、−2.4mm 和 −1.5mm，堆载对桩墙组合基础的作用效果随着堆载距离的增大逐渐减弱。堆载区域距离桩墙组合基础越近，桩墙组合基础的弯矩就越大；随着堆载距离的增大，最大弯矩值出现的深度以及拐点的位置并不因堆载区域变化而变化，基本保持在同一位置。

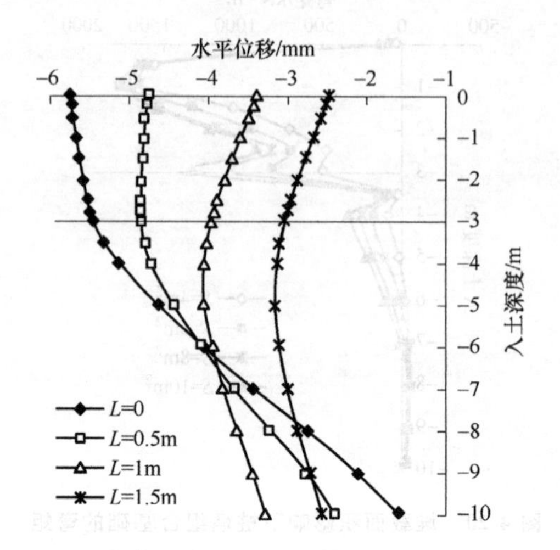

图 4-21　堆载距离影响下桩墙组合基础的水平位移

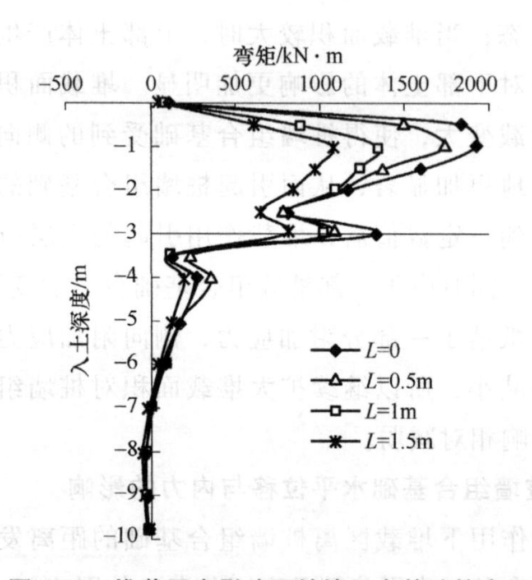

图 4-22　堆载距离影响下桩墙组合基础的弯矩

对于此水平位移和弯矩的形成原因：根据朗肯理论，局部超载的作用力是沿 45°+φ/2 角传递扩散展开的，从而造成随着堆载距离的变化，组合基础最大水平位移的位置相应地发生改变；堆载距离越大，靠近桩墙组合基础一侧的土体受堆载的扰动较小，即由堆载产生的地基附加应力影响减弱，土体水平推力引起的水平位移和弯矩逐渐趋于稳定。随堆载距离的增大，桩墙组合基础和堆载区域下部土体承担的因堆载作用产生的土压力的比例也就相应地改变，因堆载作用引起的下部土体的侧向变形间接作用在桩墙组合基础的侧向附加应力减弱，向堆载下部地基土体发展的土压力相应地增加，造成对桩墙组合基础下部桩的侧向附加应力作用相对增加，位移相对增大。

4.3 水平荷载作用下桩墙组合基础的数值模拟研究

本节数值模型的建立与4.2节中完全相同，唯一改变之处在于受荷方式的不同，由堆载变为水平荷载。以此来分析桩墙组合基础在水平力的作用下的工作机理，讨论不同水平集中力，不同墙桩长度比，竖向荷载，土体弹性模量、黏聚力、内摩擦角等影响因素对组合基础变形及内力的影响规律。

4.3.1 不同的水平集中力对桩墙组合基础变形和内力的影响

在水平集中力的作用下，桩墙组合基础的受力性状极为复杂，其中涉及桩墙组合基础和桩墙组合基础的内芯土、周围土体之间的相互作用，以及桩墙组合基础地下连续墙与桩刚接处与土体接触面积突变等原因。水平承载力不仅与桩墙组合基础的整体刚度、材料强度有关，同时也在很大程度上取决于桩墙组合基础内部土体与周围土体的横向抗力。在水平集中力作用下，组合基础克服自身材料强度产生挠曲变形，随着挠曲变形的作用，土体受到挤压而产生抗力，这一抗力将阻止桩墙组合基础挠曲变形的进一步发展，从而构成了复杂的相互作用体系。

在水平集中力作用下的新型桩墙组合基础的水平位移如图4-23~图4-25所示。受荷面中间部位的水平位移趋势为：桩墙组合基础水平位移从上到下逐渐减小，在桩底$z=-5.5\mathrm{m}$部位以下改变为正方向的，但桩底部的水平位移很小。桩墙组合基础背土面在加载方向上水平位移变化趋势和迎土面的规律相同。

通过对比迎土面和背土面两个部位的水平位移（图4-24）可以看出，两条水平位移变化曲线几乎重合，同时根据竖向位移变化规律，可以说明桩墙组合基础发生的是整体倾斜变形。

通过迎土面中间测点与最外侧测点水平位移对比（图4-25）可以看出，中间测点的水平位移相对较大，但两者相差不大。

考虑不同水平集中力的影响，对桩墙组合基础的水平位移和弯矩进行计算分析，由图4-26a可以看出，桩墙组合基础的水平位移绝大部分发生在上部地下连续墙处；不同水平集中力作用下，第一零点的位置受水平集中力的影响较小；

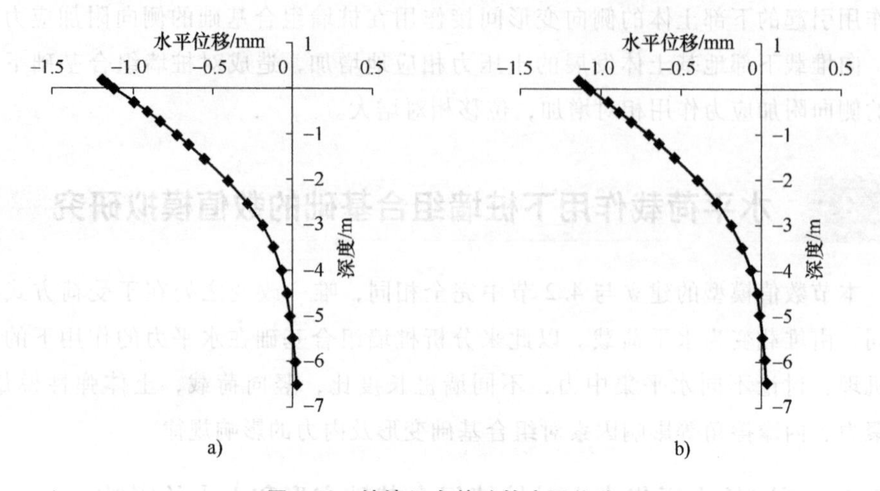

图 4-23　桩墙组合基础的水平位移

a）迎土面桩身水平位移　b）背土面桩身水平位移

随着入土深度的增加，桩墙组合基础的水平位移规律和梁板的挠曲变形十分相似。由图 4-26a 可以看出，桩顶的水平变形随深度增加逐渐趋于定值零，说明下部桩对控制水平位移所起到的作用很小，所以对组合基础下部桩的参数进行设计时可以考虑选取合理桩长。

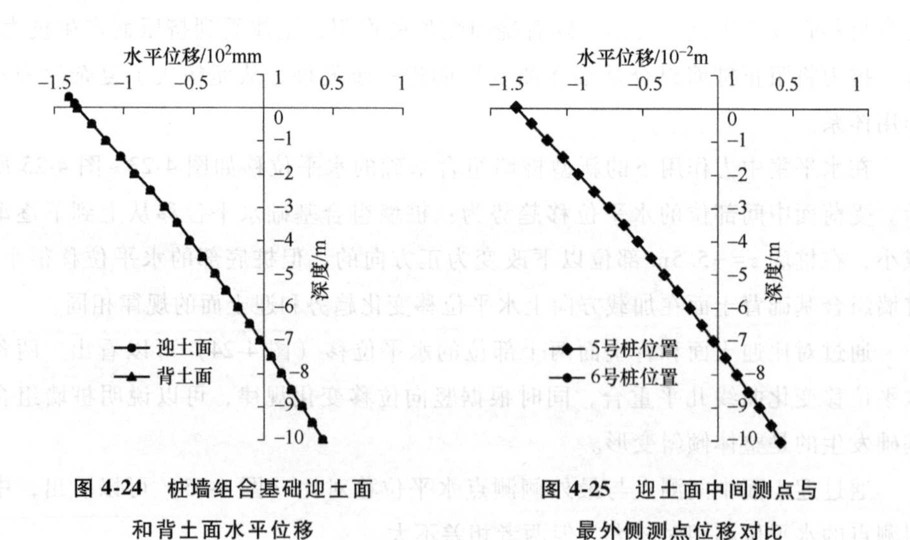

图 4-24　桩墙组合基础迎土面和背土面水平位移

图 4-25　迎土面中间测点与最外侧测点位移对比

由图 4-26b 可以看出，桩墙组合基础的弯矩随入土深度的增加呈先减小后增大的趋势，在桩墙组合基础地下连续墙与桩的连接部位达到最大值，最后随深度增加逐渐趋于定值零；弯矩呈非线性变化；随着荷载的增加，弯矩值也相应地表现出变大的趋势。因此在实际工程中可以在增加上部的配筋率的同时减小下部的配筋率。

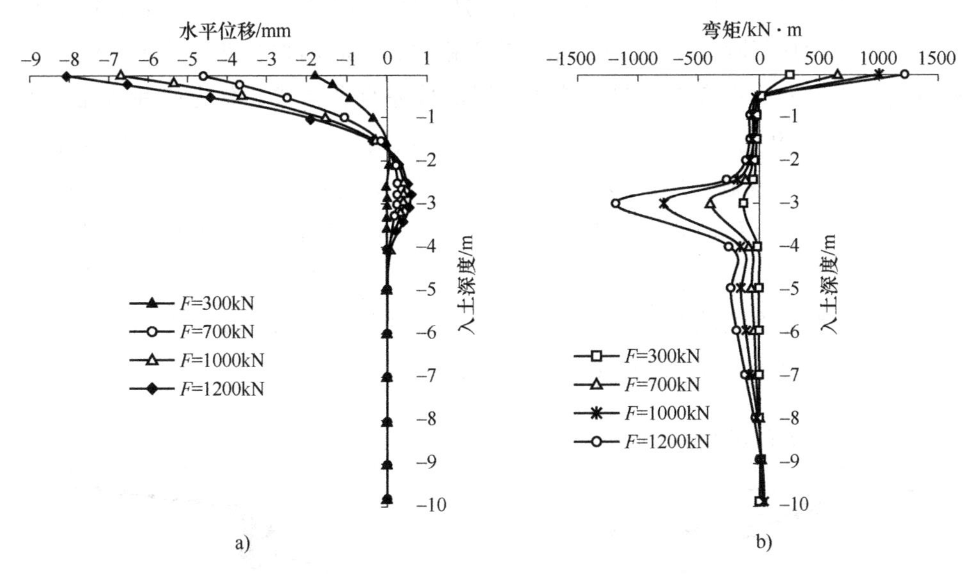

图 4-26　不同水平集中力影响下桩墙组合基础的水平位移和弯矩

a）水平位移　b）弯矩

对于此水平位移和弯矩的形成原因：随着入土深度的增加，土对桩墙组合基础的反向作用力也逐步增加，土对桩墙组合基础的反向作用力很好地抵消了部分桩墙组合基础的水平推力；此外桩墙组合基础在水平集中力、侧摩阻力以及桩墙组合基础内外土芯挤压共同作用下形成了非常复杂的受力体系。在地下连续墙与桩刚接处反向弯矩达到最大值是由两者与土体接触面积存在很大差异以及两者的刚度突变等因素造成的；桩墙组合基础下半部分的弯矩和水平位移趋于很小则是由于水平集中力对桩墙组合基础的作用效果随着入土深度的增加逐渐消散，上部荷载没有传递到底部。

4.3.2　不同墙桩长度比对桩墙组合基础变形和内力的影响

在桩墙组合基础方案的设计过程中，从水平承载力和经济的角度考虑，应采用性价比最高的墙桩长度比的设计方案。因此，根据桩墙组合基础模型的大小，假设在桩墙组合基础高度为 10m 的前提下，考虑地下连续墙与桩在不同墙桩长度比条件下对桩墙组合基础的水平位移和弯矩的影响。

由图 4-27a 可以看出，水平集中力作用下，桩墙组合基础的水平位移主要发生在上部，说明桩墙组合基础的上部是承担水平集中力的主要部分；四种不同条件下，桩墙组合基础水平位移的分布趋势十分相似；随着墙桩长度比的增大，反向位移的最大值相应地减小，同时反弯点的位置逐渐降低，在墙桩长度比 3∶7 和长度比 4∶6 的两种情况下反弯点相对趋于稳定；不同墙桩长度比的桩墙组合基础反向位移最大值点存在差异，按照不同的桩墙组合方式共分为四种情况：墙桩长度比为 1∶9 的组合基础反向位移最大值点位于-1m 附近；墙桩长度比为 2∶8 的桩墙组合基础反向位移最大值点位于-2m 附近；墙桩长度比为 3∶7 的桩墙组合基础反向位移最大值点位于-3m 附近；墙桩长度比为 4∶6 的组合基础反向位移最大值点位于-4m 附近。即不同墙桩长度比的桩墙组合基础反向位移最大值点位于地下连续墙与桩刚接的部位附近，由此可知在实际工程中，地下连续墙与桩刚接处是工程设计的重点和难点之一。

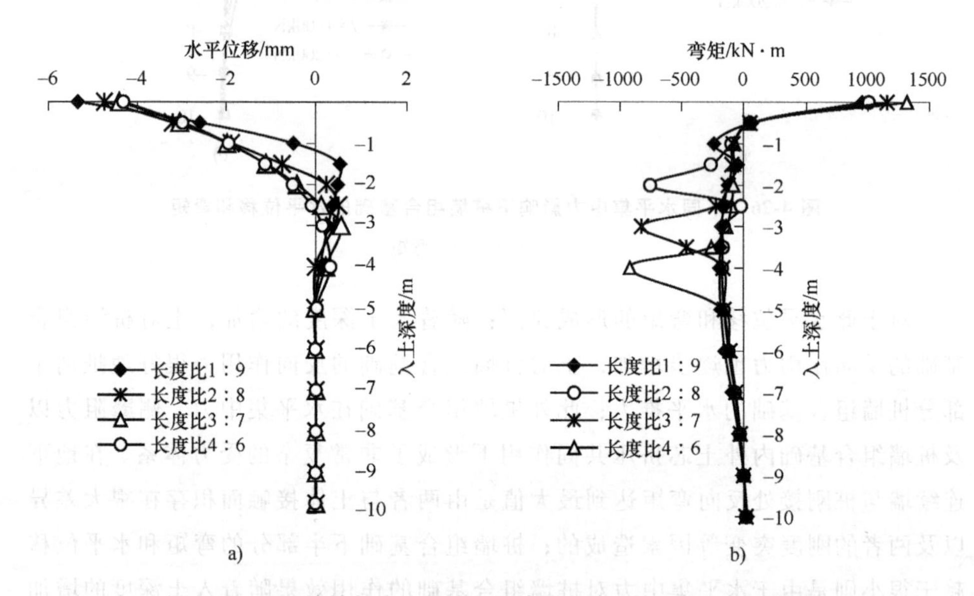

图 4-27　不同墙桩长度比影响下桩墙组合基础的水平位移和弯矩

a）水平位移　b）弯矩

图 4-27b 是不同墙桩长度比对组合基础弯矩的影响，随着墙桩长度比由小变大，桩墙组合基础负弯矩最大值逐渐增大，说明随着地下连续墙所占比例的增加，桩墙组合基础的水平抗弯性能有了明显提高，这是由于地下连续墙所占比例增加导致组合基础整体刚度提高，进而提高了组合基础的水平抗弯性能。但是随着墙桩长度比逐渐变大，负弯矩最大值的增长趋势逐渐变缓，且趋于稳定。

对于此水平位移和弯矩的形成原因：水平集中力通过桩墙组合基础上部的地下连续墙传递到深层土中，随着墙桩长度比的不断增加，水平集中力可以更多地往下传递，使组合基础的水平承载力增大；墙桩长度比较小时，桩墙组合基础上部的地下连续墙呈刚性状态，类似于“刚性短桩”的力学特性，自身弯曲能力很小。而随着墙桩长度比逐渐变大，其自身弯矩能力逐渐增强，呈现出一定的弹性状态。

4.3.3 竖向荷载对桩墙组合基础变形和内力的影响

目前，工程上在考虑组合荷载作用下桩墙组合基础承载力时，往往是单独分析竖向荷载作用下的承载力以及水平集中力作用下的抗弯性能；相较于单一的受力状态，水平集中力和竖向荷载共同作用时构成的受力体系十分复杂，目前关于竖向荷载对桩墙组合基础水平承载力的影响的研究主要采用解析法和数值模拟。

由图4-28a可以看出，桩墙组合基础水平位移曲线具有明显的非线性特征；桩墙组合基础的水平位移在有竖向荷载作用下相较于无竖向荷载作用下相对减小，反弯点的位置提高了，说明竖向荷载起到了减小桩墙组合基础水平位移的有利作用。

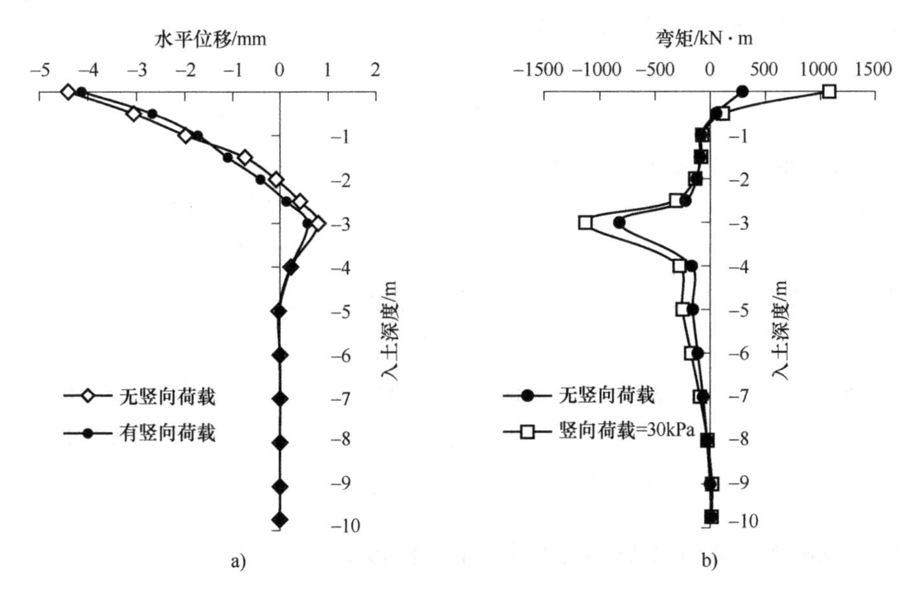

图4-28 有无竖向荷载影响下桩墙组合基础的水平位移和弯矩

a）水平位移 b）弯矩

由图 4-28b 可以看出，桩墙组合基础反向最大弯矩由 -810kN · m 增加到 -1210kN · m，桩墙连接处可以认为是桩墙组合基础抗侧荷载最危险界面；竖向荷载影响了桩墙组合基础弯矩的反弯点和最大弯矩截面的位置；桩墙组合基础顶部竖向荷载作用产生的二次弯矩效应加剧了桩墙组合基础中上部区域的弯矩，竖向荷载的存在对桩墙组合基础产生一个附加弯矩。

对于此水平位移和弯矩的形成原因：在上部有竖向荷载作用时，相对于对桩墙组合基础顶部增加了一个约束力，这时桩墙组合基础的受力状态由纯弯构件变为压弯构件，竖向荷载引起的压应力可以抵消一部分桩墙组合基础的拉应力，因此存在竖向荷载提高水平承载力；在同一水平荷载作用下，有竖向荷载作用的情况其水平位移要比无竖向荷载作用的情况小，说明水平承载力由于竖向荷载的作用而提高。但是，竖向荷载对水平承载力的提高是有限的。由此可知，在工程设计中可充分利用上部竖向荷载对水平承载力的有利影响。

4.3.4 土体弹性模量对桩墙组合基础变形和内力的影响

在同一水平力作用下桩墙组合基础周边土体的弹性模量发生变化而其他参数不发生变化时桩墙组合基础水平位移和弯矩分布，如图 4-29 所示。

由图 4-29 可以看出，反弯点的位置并没有发生变化；当桩墙组合基础周围土体的弹性模量增大 30%后，桩墙组合基础顶部的最大位移缩小 20%，桩墙组合基础反方向上的最大弯矩相应地减小 5%；另外增大周围土体弹性模量对桩墙组合基础上部的水平位移影响效果明显比对组合基础下部的影响较显著。从而可知，改变弹性模量对水平位移有影响，但对弯矩的影响甚小。

对于此水平位移和弯矩的形成原因：桩墙组合基础周围土体的弹性模量变大，土体的相对刚度也便相应增大，也就是说土层的硬度增强，相当于对土体做了弱加固处理，所以土体抵抗侧向变形的能力增强；周围土体的弹性模量越大，土体侧移范围和变形越小，桩墙组合基础和周围土体产生土体侧压力就越小，从而产生的水平位移和应力就越小。影响桩墙组合基础水平承载力的土层主要处于浅土层，因此改善桩墙组合基础周围土体的弹性模量可以适当地提高桩墙组合基础的水平抗力，但对于提高抗弯能力的效果不是特别显著。

4.3.5 黏聚力对组合基础变形和内力的影响

在同一水平推力作用下桩墙组合基础周围土体黏聚力发生变化而其他参数不发生变化时桩墙组合基础水平位移及弯矩分布如图 4-30 所示。

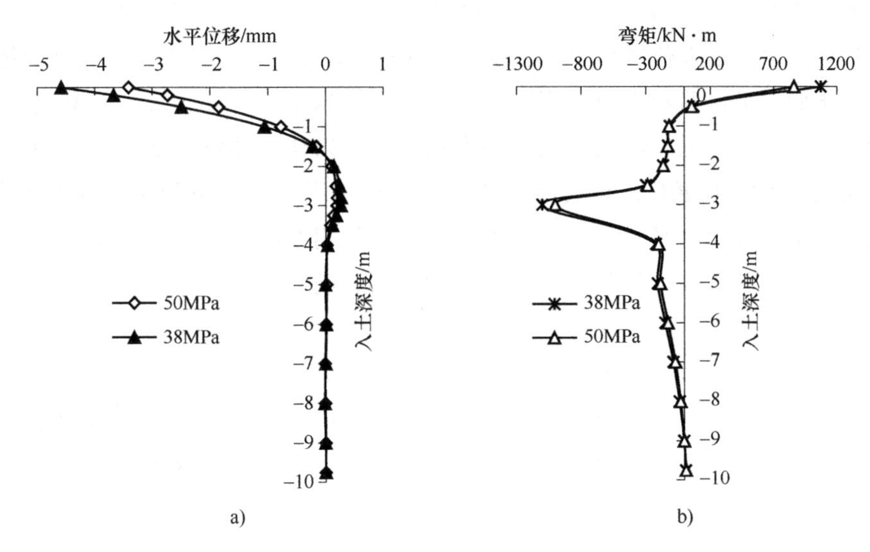

图 4-29 土体弹性模量影响下桩墙组合基础的水平位移和弯矩

a）水平位移 b）弯矩

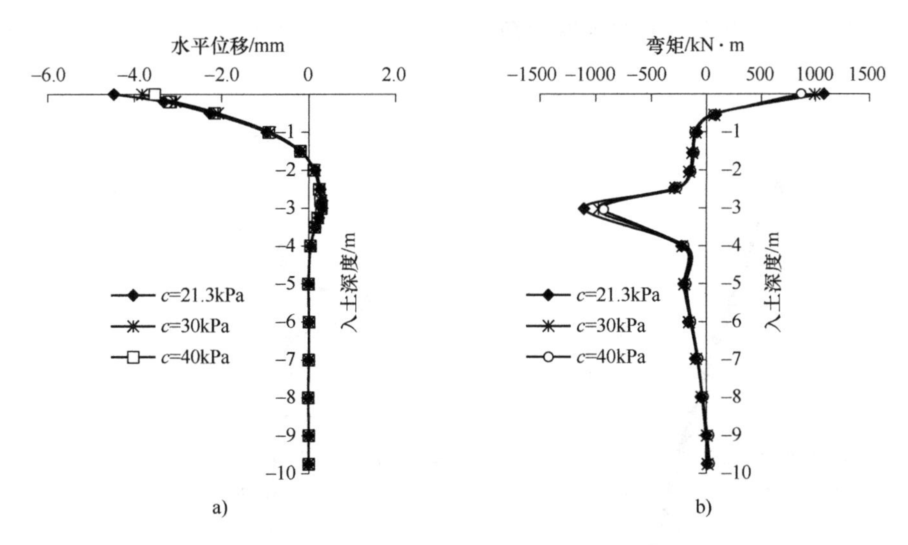

图 4-30 黏聚力影响下桩墙组合基础的水平位移和弯矩

a）水平位移 b）弯矩

由图 4-30 可以看出，当桩墙组合基础的黏聚力由小逐渐变大时，桩墙组合基础顶部的最大位移值则由大逐渐变小，然而这种变化不是很明显，趋势很小；随着黏聚力的变大，桩墙组合基础的最大弯矩值逐渐减小。桩墙组合基础的黏聚力增大 40%时，桩墙组合基础顶部的最大位移仅仅减小 2.5%，地下连续墙与桩连接处负弯矩最大值减小 10%；水平位移和弯矩的反弯点位置几乎没有变化。

对于此水平位移和弯矩的形成原因：黏聚力越小，土体变形越容易进入塑性状态，水平位移也就随之增大；增大黏聚力可以使土体颗粒之间的作用力增大，相互吸附能力更强，从而使桩墙组合基础周围土体自身的抗剪强度增大，因此桩墙组合基础水平位移有一定的减小，但作用在桩墙组合基础上的土压力改变不大，所以对于整体的抗剪强度影响甚小；随着黏聚力的逐渐增大，桩墙组合基础与土之间的黏结力也越好，滑移位移大大降低，同时屈服极限得到提高。但是从数据分析，黏聚力对组合基础的影响效果不是十分明显，据此可以推断，想通过采用高强度混凝土来提高组合基础的水平承载力和抗弯性能是不理想的。因此，在实际工程中应尽可能采用较低强度等级的混凝土，从而达到节约材料、控制成本的目的。

4.3.6 内摩擦角对桩墙组合基础变形和内力的影响

内摩擦角分别取 12.3°、20°、30°进行对比分析，其他参数不发生任何变化。在同一水平力作用下在内摩擦角影响下桩墙组合基础水平位移及弯矩分布如图 4-31 所示。

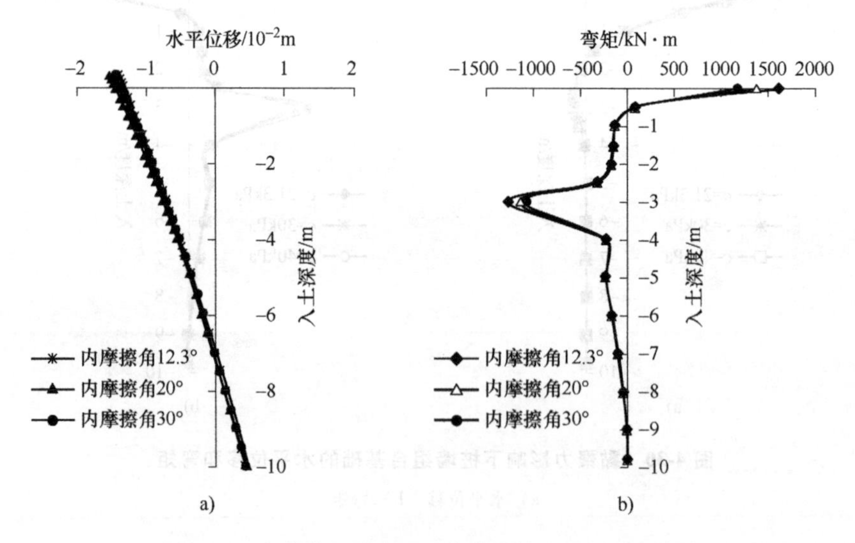

图 4-31 内摩擦角影响下组合基础的水平位移和弯矩

a）水平位移 b）弯矩

由图 4-31 可以看出，桩墙组合基础周围土体内摩擦角增大而桩墙组合基础中地下连续墙与桩的连接处的水平位移有稍许减小，但是影响位置仅仅局限于基础顶部，并且影响十分不明显，其他部位几乎没影响；桩墙组合基础的弯矩值随着周围土体内摩擦角的增大只在两个弯矩峰值处减小，其他弯矩点几乎没有变化。

对于此水平位移和弯矩的形成原因：内摩擦角对组合基础水平位移和弯矩变化的作用原理与黏聚力的情况类似。增大土体的内摩擦角，可以改善土体颗粒之间的摩擦力，土体颗粒之间相互嵌入和咬合效果也有所改善，但土体的摩擦强度取决于滑移面上的应力与内摩擦角大小两者的共同作用。通过数据分析表明，内摩擦角的变化对桩墙组合基础的水平位移和弯矩的影响效果不明显，因此在实际工程中土体的内摩擦角可以不作为关键因素考虑。

4.3.7 桩墙组合基础、群桩以及地下连续墙的对比

对比分析桩墙组合基础、群桩以及地下连续墙三者的水平承载力，通过软件分别建立了桩墙组合基础、群桩基础以及地下连续墙基础三个数值模型（表4-4），着重分析研究了在相同水平力作用下桩墙组合基础分别与群桩基础以及地下连续墙基础的水平位移和迎土面地基土压力变化规律的对比。

表4-4 模型的数值模拟工况

工况	平面尺寸	三者差异
桩墙组合基础	7m×5m	上部墙3m、下部桩长7m
群桩基础	7m×5m	桩均长10m
地下连续墙基础	7m×5m	地下连续墙高5m

1. 桩墙组合基础与群桩基础水平位移的对比

在同一水平集中力（1000kN）作用下，桩墙组合基础与群桩基础在深度方向上的水平位移变化曲线，如图4-32所示。

由图4-32可以看出，在相同水平集中力作用下，桩墙组合基础和群桩基础在深度方向上的水平位移变化趋势相同，两者的整体刚度远大于土体的刚度，在水平集中力影响下，基础本身变形很小，绕某一点整体发生倾斜的转动。从水平位移的大小可以看出，群桩基础最大水平位移是桩墙组合基础最大水平位移的两倍多；在深度方向上，群桩基础的水平位移明显大于桩墙组合基础的水平位移，由此可以看出桩墙组合基础的水平承载力远大于群桩基础的水平承载力，所以从经济的角度考虑，在控制相同的水平位移条件下，可以利用桩墙组

合基础水平承载力强的优势，减少下部桩数，在安全的前提下节省成本。

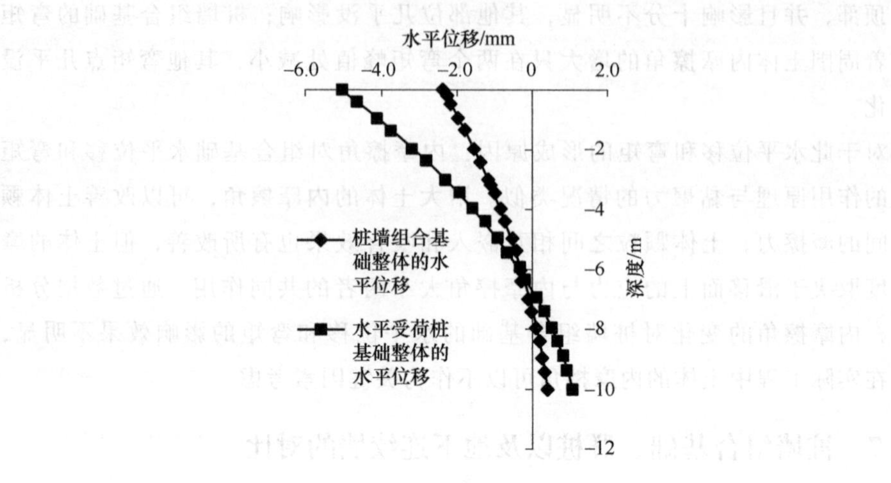

图 4-32　对比同一水平集中力作用下桩墙组合基础与群桩基础的水平位移

2. 桩墙组合基础与地下连续墙基础水平位移的对比

在同一水平集中力（1000kN）作用下，桩墙组合基础与地下连续墙基础在深度方向上的水平位移变化曲线，如图 4-33 所示。

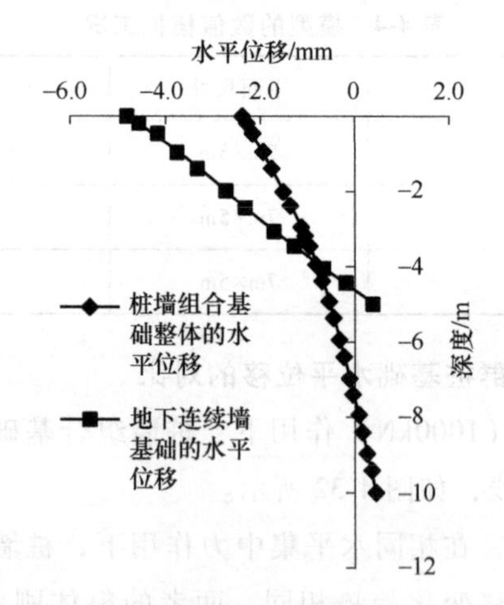

图 4-33　对比同一水平集中力下桩墙组合基础与地下连续墙基础的水平位移

从图 4-33 可以看出，在相同的水平集中力作用下，地下连续墙在深度方向上水平位移是线性变化，呈现整体倾斜破坏。桩墙组合基础的水平位移相对于地下连续墙基础的水平位移较小，在深度方向上水平位移的变化相对更加平缓，呈近似的线性关系。因此可以看出由于桩墙组合基础的整体入土深度更深，土体提供的水平抗力更大，桩墙组合基础下部的桩可以更好地起到嵌固作用，使得桩墙组合基础的水平承载力更强。相对于纯地下连续墙基础，桩墙组合基础利用自身水平承载力强的优势可以减小地下连续墙基础的高度和平面尺寸，在节省建筑耗材的前提下，起到和地下连续墙基础控制水平位移相同的效果。

第5章 结论和展望

本书通过理论计算、模型试验以及数值模拟对桩墙组合基础的受力性能以及变形规律进行了研究。本章内容在前述工作的基础上，进一步总结了主要成果及结论，并对后续研究工作提出了建议与展望。希望对今后的类似课题研究和工程设计提供一些帮助。

5.1 主要成果及结论

5.1.1 堆载下的桩墙组合基础

通过研究桩墙组合基础在堆载下的受力及变形性状，旨在对大面积堆载下的实际工程中的应用提供理论基础。阐述了堆载下桩基础与地下连续墙基础的发展和研究现状，然后对堆载下桩墙组合基础的受力及变形性状进行理论分析，提出桩墙组合基础的稳定性验算方法，基于有限元方法对桩墙组合基础进行内力及变形计算，分析了各因素对桩墙组合基础弯矩及位移的影响，对整体桩墙组合基础与单片桩墙基础受力及变形性状进行计算对比。介绍了室内试验模型的制作及室内试验的概况。最后对模型试验的结果进行了细致的分析，通过以上的研究，得出的主要成果及结论如下：

1）从整体上对桩墙组合基础进行理论计算，堆载作用下基础受力呈“大肚形”，变形呈整体倾斜变形，在桩长较小的情况下尤为明显，桩墙连接点弯矩较大。

2）堆载作用下，桩墙组合基础的最大水平位移部位大致在地下连续墙与桩的连接处；组合基础的上部和地下连续墙与桩的连接处存在弯矩峰值，即两个部位出现最不利界面，在抗水平力桩墙组合基础设计中要考虑以上两个部位的最不利影响。

3）在影响桩墙组合基础受力变形的因素中，周边堆载对结构的位移及内力影响最大，除此之外，墙高的改变对结构的影响较为明显，其次是桩径、桩数的改变，桩长的改变尤其是当桩长达到一定长度之后，对组合基础的影响较小。在实际工程中可以通过增加墙高或桩径来增加堆载下组合基础的水平承载力。

4）单片桩墙基础与桩墙组合基础在受力与变形上存在差异，桩墙组合基础的整体性受力更为明显，偏刚性变形，而单片桩墙基础受力呈挠曲变形，水平承载力低于整体桩墙组合基础。

5）桩墙组合基础相对于传统的群桩基础，其承载力可以大大提高，但是两者的受力变形性状不同。桩墙组合基础所受负摩阻力的影响较大，在实际设计中要注意考虑负摩阻力的不利影响。

6）堆载下桩墙组合基础受力主要由前墙承担，前墙所受土体作用力远大于后墙，堆载下群桩基础承载力主要由前排桩承担。桩墙组合基础越小，受力整体性越强，且基础上部荷载较小时对于减小桩墙组合基础堆载下的水平位移没有贡献。

7）在实际工程设计中要着重考虑不同堆载等级、墙桩长度比、堆载面积以及堆载距离这些对桩墙组合基础影响的敏感因素；桩径是对桩墙组合基础水平位移与内力影响的次要因素；竖向荷载影响效果较弱，所起的作用对桩墙组合基础水平位移和内力改变有限。

8）桩墙组合基础中地下连续墙与桩对堆载作用产生的水平推力分担比是有差异的，地下连续墙为主要承担水平推力的部位，下部的桩承担的水平推力较小，墙桩长度比为 4∶6 时设计更为合理。相对地下连续墙基础，桩墙组合基础可以减小地下连续墙基础的高度和平面尺寸；相对水平受荷桩基础，桩墙组合基础可以减小桩数，也符合安全经济绿色的设计理念。

5.1.2　水平荷载下的桩墙组合基础

目前，对于桩墙组合基础的研究内容和实际工程都很少，需要进行更加深入的试验研究、理论分析以及工程实践来验证桩墙组合基础的可靠性与性能的优越性。通过理论分析、室内模型试验和数值模拟等研究手段，对桩墙组合基础的受力与变形进行初步分析，并通过参数的改变，研究了各参数对组合基础水平承载力的影响。主要研究结论有：

1）地下连续墙与桩组合在一起作为承受水平荷载的基础，发挥地下连续墙水平刚度大的优点，同时也通过下部的桩保证了基础的嵌固。这种桩墙组合基础形式符合变形大的位置增加刚度减小变形、变形小的地方减小刚度节省费用的变刚度设计新理念。水平荷载作用下，相对地下连续墙基础，桩墙组合基础可以减小地下连续墙基础的高度和平面尺寸；相对水平受荷桩基础，桩墙组合基础可以减小桩数，也符合安全经济绿色的设计理念。

2）在水平荷载作用下，桩墙组合基础最大水平位移出现在桩墙组合基础顶部。当水平荷载达到一定数值后，桩墙组合基础围绕某一点发生旋转倾斜。增加地下连续墙的尺寸可以有效控制其倾斜率。

3）桩墙组合基础水平位移在水平荷载作用下从基础顶部向下呈非线性减小，且随荷载的增大，水平位移变化速率越快。变形分为三个阶段：弹性阶段，组合基础位移逐渐收敛于某一值，曲线斜率较小，桩墙组合基础周边土体未产生裂缝；弹塑性阶段，桩墙组合基础周边土体逐渐有裂缝出现；破坏阶段，基础顶部位移不收敛于某一值，土体进入塑性变形状态，桩墙组合基础周边土体裂缝迅速发展，土体产生明显破坏。

4）水平荷载作用下桩墙组合基础弯矩随荷载的增大而增大，桩墙组合基础中地下连续墙部分的弯矩值远远大于桩部分的弯矩值，且桩墙组合基础最大弯矩值出现在地下连续墙部分。在相同荷载作用下桩墙组合基础受荷面弯矩值大于背荷面弯矩值。受荷面桩墙连接处，弯矩值趋近于零，背荷面桩墙连接处弯矩值较大。

5）墙宽的大小和桩径的大小都与组合基础最大位移成反比，但是当墙宽增加到6m或者桩径增加到0.8m后，基础顶部水平位移趋于定值。所以，在一定范围内，增加地下连续墙的宽度和桩径可有效控制桩墙组合基础顶部的水平位移。

6）土抗力的增加，可有效控制桩墙组合基础的位移。但是当 m 值增加到 $10MN/m^4$ 后，其控制位移的作用不再明显，所以当变形不满足要求时，可采用一定程度的地基加固处理。土抗力对桩墙组合基础弯矩的影响较小。

7）桩墙组合基础材料的弹性模量对基础的位移与弯矩影响不大。所以，中低强度的混凝土即可满足实际需要。

8）不同等级的水平荷载和不同的墙桩长度比是影响桩墙组合基础水平变形与内力的敏感因素，对其水平抗力有明显的提升；竖向荷载和弹性模量是影响桩墙组合基础水平位移与内力的次要因素；内摩擦角和黏聚力影响效果较弱，在所起的作用内桩墙组合基础水平位移和内力改变有限。

5.2 研究展望

对于桩墙组合基础水平承载机理的研究，本书主要通过理论分析、室内模型试验和数值模拟计算来进行分析，得出了桩墙组合基础的内力分布及变形规律，并探讨了影响组合基础承载力的种种因素。但由于桩墙组合基础受力、变形的复杂性，并且受到时间和试验条件的限制，对于桩墙组合基础的研究依旧有待进一步完善。

1）理论分析方面主要有：

① 未考虑负摩阻力对结构变形及受力的影响，未考虑地下连续墙内部土芯对结构的影响。

② 只对桩墙组合基础结构的整体受力进行了计算分析，没有对桩墙组合基础结构的前后墙分开计算分析，没有考虑三维空间条件下的桩墙组合基础受力及变形的计算方法。

③ 没有计算分析基础上部荷载对桩墙组合基础承载力的影响。

2）室内模型试验方面主要有：

① 模型试验只是定性地分析桩墙组合基础的受力规律，不能定量地进行严格的相似推广，缺乏实际工程或现场试验实测资料数据的验证。

② 桩墙组合基础受力、变形的影响因素没有在室内试验中进行分析验证。

③ 桩墙组合基础整体的理论分析与室内模型试验在内力上存在一定差异，单片桩墙基础的理论分析与室内模型试验较为相似，但单片桩墙基础没有考虑后墙侧墙顶盖的空间作用力的传递，需要进一步改进分析。

3）数值模拟方面主要有：

① 由于没有工程实例作为参考，数值模拟的模型参数都是参考经验参数，且假设土层为单一均质土。

② 没有考虑地下水对桩墙组合基础水平承载性能的影响。

因此，下一步工作可以进行以下研究：

1）借用离心机试验，进行定量分析，更加真实地还原实际工程中桩墙组合基础的受力、变形情况。

2）进一步进行现场试验，将现场试验的结果与室内模型试验和理论分析的结果进行对比，验证模拟分析结果的可靠性。

3）对桩墙组合基础的受力机理进行进一步研究，分析出更加完善的计算公式，供实际工程参考应用。

4）天然土层具有多样性，且土层分布不均匀，室内模型试验中土层相对单一，在未来研究过程中可以考虑桩墙组合基础在复杂土层中受力、变形性能。

5）桩墙连接处刚度突变会引起应力集中的情况，针对此情况，分析其传力机理以及解决方案。

参考文献

[1] 宋洁人. 上海莲花河畔景苑7号楼整体倾覆原因分析 [J]. 建筑技术，2010，41 (9)：843-846.

[2] 中国建筑科学研究院工程抗震所. 抗震验算与构造措施：下册　工业与民用建筑 [M]. 北京：中国建筑科学研究院工程抗震研究所，1986.

[3] 新井寿昭，萩原敏行，今村真一郎. 連続地中と杭複合基礎に関す動的遠心模型実験 [C]. 东京：地盤工学研究発表会，2003.

[4] 任连伟，顿志林，李果，等. JPP桩不同组合水平承载性能模型试验研究 [J]. 岩土力学，2014，35 (S2)：101-106.

[5] 张晓强. 纵横向同时受荷桩工作性状试验研究 [D]. 南京：河海大学，2007.

[6] 吕凡任，邵红才，金耀华. 对称双斜桩基础水平承载力模型试验研究 [J]. 长江科学院院报，2013，30 (2)：67-70.

[7] 郑毛涛，郭昭胜，贺武斌，等. 桩嵌入承台深度对桩水平承载力影响的室内模型试验 [J]. 科学技术与工程，2015，15 (36)：202-205.

[8] 吴金标，刘阳，张建经. 饱和软黏土地基单桩基础水平荷载模型试验研究 [J]. 路基工程，2017 (5)：43-47.

[9] 亓乐，宋修广，张宏博，等. 管桩水平承载特性室内模型试验研究 [J]. 长江科学院院报，2017，34 (10)：74-78.

[10] PAN J L，GOH A T C，WONG K S，et al. Ultimate soil pressures for piles subjected to lateral soil movements [J]. Journal of Geotechnical & Geoenvironmental Engineering，2002，128 (6)：530-535.

[11] DYSON G J，RANDOLPH M F. Monotonic lateral loading of piles in calcareous sand [J]. Journal of Geotechnical & Geoenvironmental Engineering，2001，127 (4)：346-352.

[12] 叶涛. 群桩基础水平承载性能试验研究 [D]. 南京：东南大学，2010.

[13] 劳伟康，周立运，王钊. 大直径柔性钢管嵌岩桩水平承载力试验与理论分析 [J]. 岩石力学与工程学报，2004，23 (10)：1770-1777.

[14] 李晓勇，高文生，刘金砺. 桩顶与承台两种连接方式下的桩基水平承载力试验研究 [J]. 建筑科学，2016，32 (5)：77-83.

[15] 朱照清，龚维明，戴国亮. 大直径钢管桩水平承载力现场试验研究 [J]. 建筑科学，2010，26 (9)：36-39.

[16] 朱照清，龚维明，邱行. 斜桩水平承载力现场试验研究 [J]. 建筑技术，2011，42 (3)：239-241.

[17] 王建华，陈锦剑，柯学. 水平荷载下大直径嵌岩桩的承载力特性研究 [J]. 岩土工程学

报，2007，29（8）：1194-1198.

[18] 黄银冰，赵恒博，顾长存，等. 考虑水泥土桩增强作用的灌注桩水平承载性能现场试验研究［J］. 岩土力学，2013，34（4）：1109-1115.

[19] 孙元奎，陈永，陈华顺. 淤土地基灌注桩水平承载特性试验及数值计算［J］. 公路，2012（1）：78-82.

[20] ISMAEL N F. Behavior of step tapered bored piles in sand under static lateral loading［J］. Journal of Geotechnical & Geoenvironmental Engineering，2010，136（5）：669-676.

[21] REESE L，IMPE W V，HOLTZ R. Single piles and pile groups under lateral loading［J］. Applied Mechanics Reviews，2000，55（1）：9-10.

[22] MOKWA R L，DUNCAN J M. Experimental evaluation of lateral-load resistance of pile caps［J］. Journal of Geotechnical & Geoenvironmental Engineering，2001，127（2）：185-192.

[23] POULOS H G. Analysis of piles in soil undergoing lateral movement［J］. Journal of Soil Mechanics & Foundations Division，1973（99）：391-406.

[24] 杨敏，艾智勇. 桩土相互作用理论研究与按沉降控制设计桩基础的工程实践［C］. 广州：全国岩土力学数值分析与解析方法讨论会，1998.

[25] 赵明华，邹新军，罗松南，等. 横向受荷桩桩侧土体位移应力分布弹性解［J］. 岩土工程学报，2004，26（6）：767-771.

[26] 宋东辉，徐晶. 半无限弹性体地基上水平荷载桩的静力分析［J］. 土木工程学报，2004，37（11）：89-91.

[27] RASE P E. Theory of lateral bearing capacity of piles［C］//Proc 1st ICSMFE.［S. l.］：［s. n.］，1936.

[28] BROMS B B. The lateral resistance of piles in cohesionless soils［J］. Journal of Soil Mechanics and Engineering，ASCE，1964，90（3）：123-156.

[29] BROMS B B. The lateral resistance of piles in cohesive soils［J］. Soil Mechanics and Foundation Division Journal，ASCE，1964，90（3）：123-156.

[30] BROMS B B. Design of laterally loaded piles［J］. Journal of the Soil Mechanics and Foundations Division，ASCE，1965，91（3）：79-99.

[31] 赵明华. 土力学与基础工程［M］. 武汉：武汉工业大学出版社，2000.

[32] 王梅. 考虑土体塑性屈服的水平受荷长桩性状分析［D］. 杭州：浙江大学，2011.

[33] 张耀年. 横向受荷桩分析与计算的地基系数法［J］. 福建建设科技，2008（6）：1-3.

[34] 何永新. 水平荷载作用下独立桩 *P-Y* 曲线试验研究［D］. 天津：天津大学，2008.

[35] 魏东旭. 水平荷载下弹性长桩计算方法研究［D］. 成都：西南交通大学，2009.

[36] 刘金砺.《*K* 法》计算侧向受力桩存在的问题［J］. 建筑科学，1987（2）：31-37.

[37] 杨敏，熊巨华，冯又全. 基坑工程中的位移反分析技术与应用［J］. 工业建筑，1998，28（9）：1-6.

[38] 徐中华，李靖，王卫东．基坑工程平面竖向弹性地基梁法中土的水平抗力比例系数反分析研究［J］．岩土力学，2014，35（S2）：398-404.

[39] 张建伟．分布荷载推力桩计算的 *P-Y* 曲线法研究［D］．福州：福州大学，2006.

[40] 张爱军，莫海鸿，朱珍德．受土体侧移作用的单桩的弹塑性地基反力解析法［J］．华南理工大学学报（自然科学版），2012，40（9）：153-159.

[41] 常林越，王金昌，朱向荣，等．双层弹塑性地基水平受荷桩解析计算［J］．岩土工程学报，2011，33（3）：433-440.

[42] MATLOCK H. Correlation for design of laterally loaded piles in soft clay［C］. Houston：Offshore Technology in Civil Engineering，ASCE，1970：77-94.

[43] REESE L，COX W，KOOP F. Field testing and analysis of laterally loaded piles om Stiff Clay［C］. Houston：Offshore Technology in Civil Engineering，1975：106-125.

[44] 王成华，孙冬梅．横向受荷桩的 *p-y* 曲线研究与应用述评［J］．中国港湾建设，2005（2）：1-4.

[45] 吴恒立．推力桩计算方法的研究［J］．土木工程学报，1995（2）：20-28.

[46] 王惠初，武冬青，田平．粘土㊀中横向静载桩 *P-Y* 曲线的一种新的统一法［J］．河海大学学报，1991，19（1）：9-17.

[47] 田平，王惠初．粘土中横向周期性荷载桩的 *P-Y* 曲线统一法［J］．河海大学学报，1993，21（1）：9-14.

[48] 马志涛．水平荷载下桩基受力特性研究综述［J］．河海大学学报（自然科学版），2006，34（5）：546-551.

[49] 玉置脩，三橋晃司，今井常雄．水平抵抗における群抗効果の研究［J］．土質工学会論文報告集，1972，12（4）：79-89.

[50] ZNAMENSKY V V，KONNOV A V. Calculation of Bearing Capacity of laterally loaded pile groups［C］. San Francisco：Proc 11th ICSMFE，1985：1511.

[51] 韩理安．桩基水平承载力的群桩效率［J］．岩土工程学报，1984，6（3）：66-74.

[52] 韩理安．群桩水平承载力的实用计算［J］．岩土工程学报，1986，8（3）：27-36.

[53] 刘金砺．群桩横向承载力的分项综合效应系数计算法［J］．岩土工程学报，1992，14（3）：9-19.

[54] 郑刚，颜志雄，雷华阳，等．基坑开挖对临近桩基影响的实测及有限元数值模拟分析［J］．岩土工程学报，2007，29（5）：638-643.

[55] 陈福全，侯永峰，刘毓氚．考虑桩土侧移的被动桩中土拱效应数值分析［J］．岩土力学，2007，28（7）：1333-1337.

[56] POULOS H G，DAVIS E H. Pile foundation analysis and design［M］. New York：John

㊀ 粘土现在常用“黏土”，因文献名称用的“粘土”，故此处未改。

Wiley and Sons, 1980.
[57] 杨敏，朱碧堂．堆载地基与邻近桩基的相互作用分析［J］．水文地质工程地质，2002，29（3）：1-5.
[58] 魏焕卫，杨敏．大面积堆载情况下邻桩的有限元分析［J］．工业建筑，2000，30（8）：30-33.
[59] 魏焕卫．地面堆载对邻近桩基影响的研究［D］．上海：同济大学，2001.
[60] 魏焕卫，李俊，徐德亭．侧向受荷桩基变形和受力规律的研究［J］．山东建筑大学学报，2010，25（3）：293-296.
[61] BRANSBY M F，SPRINGMAN S M. Centrifuge modelling of pile groups adjacent to surcharge loads［J］. Soils and Foundation，1997，37（2）：39-49.
[62] ERGUN M U，SÖNMEZ D. Negative skin friction from surface settlement measurements in model group tests［J］. Canadian Geotechnical Journal，1995，32（6）：1075-1079.
[63] 丁任盛．临近堆载对深厚软土桩基影响的现场试验研究［J］．铁道科学与工程学报，2015，12（2）：291-296.
[64] 吴琼．侧向堆载作用下竖向受荷桩的受力性状［D］．上海：上海交通大学，2011.
[65] CHOW Y K，CHIN J T，LEE S L. Negative skin friction on pile groups［J］. International Journal for Numerical & Analytical Methods in Geomechanics，1990，14（2）：75-91.
[66] 陈福全，杨敏．地面堆载作用下邻近桩基性状的数值分析［J］．岩土工程学报，2005，27（11）：1286-1290.
[67] 郑伟，朱思静，刘俊，等．堆载作用下群桩负摩阻力特性的参数分析［J］．中南大学学报（自然科学版），2014，45（9）：3264-3269.
[68] 代恒军，梁志荣，赵军，等．地面堆载作用下邻近桩基变形的三维数值分析［J］．岩土工程学报，2010，32（S2）：220-223.
[69] 张省侠，郭红兵，张鹏，等．地表堆载下桩体结构承载力分析［J］．公路，2008（6）：34-39.
[70] BRANSBY M F，SPRINGMAN S M. 3-D finite element modelling of pile groups adjacent to surcharge loads［J］. Computers & Geotechnics，1996，19（4）：301-324.
[71] 袁名礼．大面积地面堆载作用下的桩基设计计算［J］．工业建筑，1993（3）：42-52.
[72] POULOS H G，DAVIS E H. Prediction of downdrag forces in end-bearing piles［J］. Journal of Geotechnical and Geoenvironmental Engineering，1975，101（2）：189-204.
[73] LEE C Y. Pile groups under negative skin friction［J］. Journal of Geotechnical Engineering，1993，119（10）：1587-1600.
[74] 黄伟达．堆载作用下被动桩与土体相互作用研究［D］．福州：福州大学，2006.
[75] 门小雄．堆载对桥梁桩基承载力特性的影响分析［D］．西安：长安大学，2007.
[76] 宋章．闭合型地下连续墙桥梁基础承载机理研究［D］．成都：西南交通大学，2008.

[77] 海野隆哉. 連続地中壁を用いた函型剛体基础 [J]. 土木学会志, 1980, 65 (4): 35-42.
[78] 程谦恭, 文华, 宋章. 矩形闭合墙桥梁基础研究现状及发展趋势 [J]. 建筑技术, 2009, 40 (3): 198-203.
[79] 孙学先, 崔文鉴. 地下闭合墙基础的计算方法研究 [J]. 兰州铁道学院学报, 1991, 10 (2): 60-69.
[80] 孙学先. 差分递推方法分析弹性地下闭合墙基础 [J]. 兰州铁道学院学报, 1991, 11 (4): 24-31.
[81] 孙学先. 刚性地下闭合墙基础变位与内力计算方法的研究 [J]. 岩土工程学报, 1992, 14 (4): 45-52.
[82] 李涛. 黄土地区桥梁挖井基础设计方法研究 [J]. 岩土工程学报, 1997, 19 (3): 47-54.
[83] 李涛. 黄土地区地下连续墙基础承载特性试验研究 [D]. 南京: 东南大学, 2006.
[84] 刘云忠. 水平荷载下井筒式地下连续墙基础承载机理研究 [D]. 南京: 东南大学, 2012.
[85] 刘立基. 水平荷载下井筒式地下连续墙基础的土芯作用机理研究 [D]. 南京: 东南大学, 2013.
[86] 陈晓东, 龚维明, 孟凡超, 等. 井筒式地下连续墙基础竖向承载特性试验研究 [J]. 岩土工程学报, 2007, 29 (11): 1665-1669.
[87] 文华, 程谦恭, 陈晓东, 等. 矩形闭合地下连续墙桥梁基础竖向承载特性试验研究 [J]. 岩土工程学报, 2007, 29 (12): 1823-1830.
[88] 文华, 程谦恭, 孟凡超, 等. 矩形闭合墙桥梁基础墙-土-承台相互作用研究 [J]. 土木工程学报, 2007, 40 (8): 67-73.
[89] 戴国亮, 周香琴, 刘云忠, 等. 井筒式地下连续墙水平承载能力模型试验研究 [J]. 岩土力学, 2011, 32 (S2): 185-189.
[90] 戴国亮, 周香琴, 龚维明, 等. 超深地下连续墙水平承载力试验研究 [J]. 公路, 2011 (4): 8-12.
[91] 戴国亮, 龚维明, 周香琴, 等. 单室井筒式地下连续墙水平承载力试验与计算方法研究 [J]. 建筑结构学报, 2012, 33 (9): 67-73.
[92] 周香琴. 井筒式地下连续墙基础水平承载特性试验研究 [D]. 南京: 东南大学, 2011.
[93] 戴国亮, 刘立基, 龚维明, 等. 四室井筒式地下连续墙水平承载试验研究 [J]. 重庆交通大学学报 (自然科学版), 2012, 31 (S1): 655-660.
[94] 赵凯. 地下连续墙基础承载特性试验研究 [D]. 南京: 东南大学, 2008.
[95] 刘云忠, 戴国亮, 龚维明, 等. 黄土地区井筒式地下连续墙基础的长期监测与分析 [J]. 岩土工程学报, 2010, 32 (S2): 558-561.

[96] 宋章，程谦恭，孟凡超，等. 矩形闭合地下连续墙基础沉降特性分析 [J]. 公路，2007 (9)：5-12.

[97] 孟凡超，陈晓东，舒中潘. 地下连续墙基础沉降数值分析 [J]. 公路，2007 (3)：55-58.

[98] 陈晓东，柴建峰. 黄土地区水平荷载作用下闭合型地下连续墙基础承载性状分析 [J]. 工程地质学报，2008，16 (3)：427-431.

[99] POULOS H G. Analysis of piles in soil undergoing lateral movement [J]. Journal of Soil Mechanics & Foundations Division，1973，99：391-406.

[100] 李国豪. 关于桩的水平位移、内力和承载力的分析 [J]. 上海力学，1981 (1)：4-13.